矿物质与
儿童健康

主　编　戴耀华　王天有

副主编　何守森　荫士安　彭咏梅　李　涛

编　者　（以姓氏笔画为序）

　　　　王天有　王晓玲　古桂雄　朱晓华
　　　　刘一心　李　涛　吴文献　吴康敏
　　　　何守森　陈虹余　欧　萍　胡利华
　　　　荫士安　黄　哲　彭咏梅　覃耀明
　　　　樊朝阳　霍亭竹　戴耀华

人民卫生出版社
·北　京·

版权所有，侵权必究！

图书在版编目（CIP）数据

矿物质与儿童健康 / 戴耀华，王天有主编 . -- 北京：人民卫生出版社，2025. 1. -- ISBN 978-7-117-37505-4

I. Q945. 12；R179

中国国家版本馆 CIP 数据核字第 2025E2T004 号

| 人卫智网 www.ipmph.com | 医学教育、学术、考试、健康、购书智慧智能综合服务平台 |
| 人卫官网 www.pmph.com | 人卫官方资讯发布平台 |

矿物质与儿童健康
Kuangwuzhi yu Ertong Jiankang

主　　编：戴耀华　王天有
出版发行：人民卫生出版社（中继线 010-59780011）
地　　址：北京市朝阳区潘家园南里 19 号
邮　　编：100021
E - mail：pmph @ pmph.com
购书热线：010-59787592　010-59787584　010-65264830
印　　刷：北京顶佳世纪印刷有限公司
经　　销：新华书店
开　　本：889×1194　1/32　印张：7
字　　数：194 千字
版　　次：2025 年 1 月第 1 版
印　　次：2025 年 3 月第 1 次印刷
标准书号：ISBN 978-7-117-37505-4
定　　价：36.00 元

打击盗版举报电话：010-59787491　E-mail：WQ @ pmph.com
质量问题联系电话：010-59787234　E-mail：zhiliang @ pmph.com
数字融合服务电话：4001118166　E-mail：zengzhi @ pmph.com

前　言

随着科学的进步和社会的发展,我们对健康的认识也在不断深化。在众多影响儿童健康的因素中,矿物质的作用日益受到重视。《矿物质与儿童健康》正是基于这一背景编写而成,旨在为广大教育工作者、医务工作者以及对儿童健康感兴趣的读者提供一本全面、系统的参考资料。

全书共分为四章,每一章都围绕矿物质与儿童健康的关系展开深入探讨。

第一章"概论"部分,从矿物质的基本概念入手,介绍矿物质的定义、分类、生理功能以及在儿童生长发育中的重要性。此外,该章还阐述了矿物质与儿童健康的研究现状和发展趋势,为读者提供一个宏观的认识框架。

第二章"矿物质与儿童健康"是本书的核心内容之一。该章详细讨论了钙、铁、锌、碘等主要矿物质对儿童健康的积极影响,分析了这些矿物质在儿童生长发育、免疫功能、神经系统发育等方面的作用机制,以及缺乏或过量摄入可能带来的健康问题。

第三章"有害元素与儿童健康"则转向了另一个重要话题——有害元素对儿童健康的潜在威胁。该章阐述了铅、汞、镉等有害元素的来源、毒性作用及其对儿童生长发育的影响,同时介绍了预防和减少有害元素暴露的策略,以保护儿童免受其害。

第四章"矿物质制剂的合理应用"则关注于矿物质补充剂的使用。该章介绍了矿物质补充剂的种类、适用人群、剂量选择、矿物质之间的相互作用以及可能的副作用。目标是帮助读者理解如何根据儿童的具体需求,合理选择和使用矿物质补充剂,以促进儿童的健康成长。

在编写本书的过程中,我们力求做到内容的科学性、系统性和实用性。希望这本书能够成为家长和儿科医务工作者在儿童健康领域的得力助手。同时,我们也期待这本书能够激发更多人对矿物质与儿童健康关系的兴趣和研究,让更多的儿童受益于科学的矿物质摄入,从而拥有一个更加健康和充满活力的未来。

最后,感谢所有参与本书编写的作者、编辑和审校人员,他们的辛勤工作使得这本书得以顺利完成。由于编写时间仓促,部分章节的参考资料也不够完善,难免有不足之处,恳请广大读者批评指正。欢迎发送邮件至邮箱 renweifuer@pmph.com,或扫描下方二维码,关注"人卫儿科学",对我们的工作予以批评指正,以期再版修订时进一步完善,更好地为大家服务。

祝愿所有儿童都能在矿物质的滋养下茁壮成长!

编者

2024 年 12 月

目　录

第一章　概论 ……………………………………………………………… 1

第一节　矿物质的概念 …………………………………………… 2
第二节　自然界的矿物质 ………………………………………… 6
第三节　人体中的矿物质 ………………………………………… 11
第四节　矿物质的生物效应 ……………………………………… 13
第五节　矿物质与人体疾病 ……………………………………… 15
第六节　矿物质在儿童健康的研究与应用 …………………… 17

第二章　矿物质与儿童健康 …………………………………………… 23

第一节　钙 ………………………………………………………… 24
第二节　锌 ………………………………………………………… 42
第三节　磷 ………………………………………………………… 55
第四节　镁 ………………………………………………………… 66
第五节　铁 ………………………………………………………… 70
第六节　碘 ………………………………………………………… 82
第七节　硒 ………………………………………………………… 90
第八节　铜 ………………………………………………………… 98
第九节　钴 ………………………………………………………… 104
第十节　锰 ………………………………………………………… 108
第十一节　钼 ……………………………………………………… 113
第十二节　铬 ……………………………………………………… 116
第十三节　氟 ……………………………………………………… 120
第十四节　钾 ……………………………………………………… 125

第十五节　钠…………………………………………138

第三章　有害元素与儿童健康…………………………153
第一节　铅…………………………………………154
第二节　镉…………………………………………160
第三节　汞…………………………………………166
第四节　铝…………………………………………173

第四章　矿物质制剂的合理应用………………………179
第一节　矿物质间的相互作用……………………180
第二节　矿物质与维生素的相互作用……………195

第一章
概 论

儿童是人类社会可持续发展的重要基础。大量科研和实践证明,重视儿童早期营养状况改善,有助于全面提升儿童的发育与发展潜能,降低其成年时期罹患营养相关慢性病的风险。改善儿童时期的矿物质营养状况,预防矿物质缺乏与过量以及进行针对性的营养干预,可有效降低矿物质缺乏相关疾病的风险,如佝偻病、缺铁性贫血、生长发育迟缓、异食癖、甲状腺肿、克汀病等,同时有助于提升儿童体质。

第一节　矿物质的概念

人类的生存与进化过程是与自然或生存环境平衡的结果，人与自然环境之间持续不断地进行以化学元素为基础的物质交换。自然环境中存在的105种天然元素，绝大多数可通过饮食以及空气进入人体。因此人体组织中几乎含有自然界中存在的所有元素，这些元素的种类和含量则受人类生存的地理环境表层元素的组成和含量的影响，同时也受到人们所食用的作物和牲畜中元素含量的影响，例如氟、碘、硒等受自然环境本底中相应元素含量影响最为明显。

一、矿物质的种类

人体中存在的元素，除了碳、氢、氧和氮主要以有机化合物形式存在外，其余的统称为矿物质（mineral），也被称为无机盐或灰分。按照化学元素在机体含量的多少，通常将矿物质分成常量元素和微量元素两大类。FAO/WHO 将微量元素分为3类：第1类为8种人体必需的微量元素；第2类为5种人体可能必需的微量元素；第3类为8种具有潜在毒性的微量元素（表1-1）。

（一）常量元素

常量元素指体内含量≥体重0.01%的矿物质，包括钙（Ca）、镁（Mg）、钾（K）、钠（Na）、磷（P）、硫（S）、氯（Cl）7种，占人体矿物质总量的60%~80%，其中钙、镁、钾、钠属于金属元素，而磷、硫、氯则为非金属元素。常量元素是构成人体和体现生命形式的必需元素，遍及机体各个部位（组织、器官、细胞和体液等），发挥和/或参与多种多样的重要生理功能和物质代谢过程。

（二）微量元素

根据迄今对微量元素的研究，仅有26~28种元素被公认为是构成人体组织、参与机体新陈代谢、维持生理功能和儿童生长发育所必需的，例如铁（Fe）、铜（Cu）、锌（Zn）、硒（Se）、铬（Cr）、碘（I）、钴（Co）和钼（Mo）被认为是维持正常人体生命活动不可缺少的必需微量元素（essential trace elements）；锰（Mn）、硅（Si）、镍（Ni）、硼（B）、钒（V）被认为是可能必需的微量元素（probably essential trace elements）；而氟（F）、铅（Pb）、镉（Cd）、汞（Hg）、砷（As）、铝（Al）、锡（Sn）和锂（Li）被认为是具有潜在毒性（potentially toxic），但是低剂量时可能发挥某种生理功能的微量元素，其对人体的影响关键取决于暴露剂量和/或持续时间。其他微量元素为功能尚未知的元素或偶然进入人体的非必需元素。

表1-1 矿物质的分类

矿物质	含量	种类	主要功能作用
常量元素	≥体重0.01%	钙、镁、钾、钠、磷、硫、氯	(1)构成人体重要成分 (2)调节细胞内外液渗透压和维持体液稳定性 (3)作为多种酶的辅酶或激动剂，参与物质代谢 (4)参与血液凝固过程
微量元素	<体重0.01%[1]	第1类 8种人体必需微量元素：铁、铜、锌、硒、铬、碘、钴、钼	(1)某些酶和维生素的必需组成部分或辅因子 (2)构成某些激素的必需成分或参与激素作用 (3)参与基因调控和核酸代谢过程 (4)参与机体特殊生理功能
		第2类 5种人体可能必需微量元素：锰、硅、镍、硼、钒	动物（模型）种属证明为必需，对于人体仍有争议/有待证明
		第3类 8种具有潜在毒性微量元素：氟、铅、镉、汞、砷、铝、锂、锡	某些元素低剂量时对人体可能具有功能

注：[1]，1996年FAO/WHO提出组织中浓度<250μg/g。

二、矿物质的特点

(一) 人体内不能合成

与蛋白质、脂肪和碳水化合物等营养素不同的是，人体不能合成矿物质，只能从外界摄取需要的矿物质，如通过饮食、空气等。此外，人体每天都会通过尿、粪便、汗液、毛发、指甲、脱落的上皮细胞以及月经、分泌的乳汁等途径将一定量的矿物质排出体外。因此，为了满足机体维持最佳生理功能的需要，必须不断地经膳食和/或饮水摄取矿物质。如矿物质长期摄入量不足，使机体处于矿物质缺乏状态，可导致某些生物学功能障碍，体内生理、生化反应不能正常进行，机体出现代谢障碍、内分泌功能紊乱以及生长和发育受阻等。如铁缺乏可引起缺铁性贫血，锌缺乏可导致生长发育迟缓，碘缺乏可引起甲状腺肿，氟摄入不足可增加龋齿发生的风险等。

(二) 饮水也是某些矿物质的来源

某些自然环境条件下，天然饮水也是人体获得某些矿物质（如钙、氟等）的重要来源。天然水中含有的大量矿物元素易被机体吸收利用，然而，如果长期饮用矿物质含量超过国家标准的水，容易导致毒性作用。例如在我国氟、砷中毒地区，饮水型氟、砷中毒是最主要的中毒类型。

(三) 体内分布不均匀

矿物质在人体内的分布极不均匀。常量元素如钙和磷主要以羟磷灰石结晶的形式存在于骨骼和牙齿（占99%）中，钾和镁主要存在于细胞内，钠主要分布于细胞外液（50%）中；微量元素如铁主要分布在红细胞，碘集中在甲状腺，钴分布在造血系统，而锌则主要分布在肌肉组织（60%）和骨骼（30%，不易被动用）中，约50%的硒存在于肌肉组织中，约99%的氟存在于钙化组织中。

(四) 元素之间存在相互协同或拮抗作用

在人体内，各种元素之间存在着复杂的相互作用，一种元素的缺乏或过量可能显著影响另一种元素的吸收利用，或改变其在体内的分布情况。例如，摄入过量的铁或铜会抑制锌的吸收和利用，而高锌摄入可导致铜和铜蓝蛋白含量降低,抑制铁的吸收利用,增加发生贫血的风险。但铁可以促进氟的吸收,而钙是唯一被证实对血红素铁和非血红素铁的吸收均有抑制作用的膳食因子。

(五) 某些微量元素的安全摄入量范围较窄

人体对个别微量元素的生理剂量与中毒剂量之间的范围较窄,摄入过多易产生毒副作用,例如我国成人氟的推荐适宜摄入量为 1.5mg/d,而可耐受的最高摄入量为 3.5mg/d,二者差距仅略高于 1 倍。

三、人体发生矿物质缺乏与过量的原因

(一) 受环境因素影响

地壳中矿物质的分布极不均匀,可导致某些地区表层土壤中矿物质含量异常(如低硒地区、低碘地区、低硒低碘地区,高氟地区、高硒地区、高硒高氟地区),生活在这些地区的人群,因长期摄入的食物或饮水中矿物质含量异常,容易引起矿物质缺乏或过量。以微量元素硒为例,我国既存在与土壤中严重缺硒相关的克山病和大骨节病(如西南到东北的缺硒地带),也存在由于环境中硒过量导致的人群与牲畜硒中毒(如湖北省恩施州与陕西省紫阳县)。

(二) 受食物成分与加工的影响

食物中存在天然的矿物质拮抗物,如植物性食物中可存在较多的草酸盐(菠菜)和植酸盐(谷类),这些成分可与钙或铁、锌等结合,形成难溶的化合物,影响这些必需微量元素的吸收。食物的加工过程也会造成某些微量矿物质的丢失,如过度精细研磨粮谷食物,可使其表层富含的矿物质丢失;弃掉水煮蔬菜或浸泡切好蔬菜的用水,可导致矿物质大量丢失;而在食品加工过程中如有使用的金属机械或润滑油泄漏、管道、容器或食品添加剂品质不纯等问题,可导致食品被含有矿物质的杂质污染。

(三) 机体状态的影响

人体自身的多种因素均会影响食物中矿物质的吸收和利用。生长发育期的儿童如有偏食、畏食、挑食等不良饮食行为,可导致

摄入食物的品种单调,进而引起某些矿物质的摄入量不足,发生钙、铁、锌等矿物质缺乏。孕期、哺乳期女性,疾病恢复期患者等对营养素的需要量明显增加的人群容易发生由于摄入量不足导致的矿物质缺乏,影响其生理功能,甚至导致不良出生结局。如果机体存在长期排泄功能障碍,可能导致矿物质在体内的蓄积,引起急性或慢性中毒。

(荫士安)

第二节　自然界的矿物质

各种矿物质在自然界广泛存在,不仅存在于有生命的生物体内,也大量存在于无生命的土壤、岩石等环境中。人类对自然资源的开发、利用过程会对矿物元素的生物地球化学循环过程产生影响。人体所需的矿物质不能自身合成,而是需要通过饮食或药物摄取;同时,进入机体的食物(包括饮水)、药物中的矿物质会对人体健康产生重要影响。

一、食物中的矿物质

食物中含有人体所需的各类营养素。从食物中摄取矿物质,是人体获得所需矿物质的最直接、最自然的途径。不同种类的食物含有的矿物质的种类及含量是有显著差异的。

各种矿物质在地球上的分布是不均衡的。由于地域差别造成的土壤、水源中矿物质种类、含量的差异,会影响在土壤中栽种的植物性食物中矿物质的种类和含量,而以这些植物为食的动物,其体内(人类可食用部分)矿物质的种类和含量也会因此产生差异。

(一) 动物性食物中的矿物质

人类经常食用的动物性食物包括畜禽肉类、蛋类、奶类以及鱼虾等水产品。肉类食物不仅提供蛋白质和脂肪等营养物质,还可提供丰富的矿物质。肉类是铁和磷的良好来源,同时也含有一定量的铜。某些矿物质在动物内脏中的含量与在肌肉中的含量不同,例如肝脏中铁含量高于肌肉中铁含量。表1-2显示,不同来源的肉类食物或同一肉类的不同部位,矿物质含量也存在差异。

表1-2 几种常见的肉类的矿物质含量

食物	钙/mg	磷/mg	钾/mg	钠/mg	镁/mg	铁/mg	锌/mg	硒/μg	铜/mg
瘦猪肉	6	189	305	57.5	25	3.0	2.99	9.50	0.11
猪肝	6	243	235	68.6	24	23.2	3.68	26.12	0.02
牛里脊肉	3	241	140	75.1	29	4.4	6.92	2.76	0.11
羊里脊肉	8	184	161	74.4	22	2.8	1.98	5.53	0.15
鸡胸肉	1	170	333	44.8	28	1.0	0.26	11.75	0.01

引自:杨月欣.中国食物成分表标准版.6版.北京:北京大学医学出版社,2019。

常见的蛋类有鸡蛋、鸭蛋、鹅蛋、鹌鹑蛋、鸽子蛋等。蛋中矿物质有磷、镁、钙、铁、锌等。蛋中的铁含量很高,例如每100g鸡蛋的含铁量可达1.6mg;钙含量比肉类食物高,达56mg/100g,但比纯牛奶的钙含量(107mg/100g)低。

最常见的奶类是牛奶,其营养丰富,营养价值很高,也是首选的补钙食物。此外,羊奶也是常见的奶类。牛奶、羊奶中均富含钙、磷、钾等常量元素,也含有铜、锌、锰等微量元素。经奶类加工制成的种类丰富的奶制品(如乳酪、酸奶、奶油等),亦含有丰富的矿物质。

鱼、虾等水产品是蛋白质的良好来源,脂肪含量相对较低,同时富含维生素、矿物质等。鱼肉的含钙量比牲畜肉高,而虾皮中钙、磷含量最为丰富。此外,相比淡水鱼,海产鱼碘含量更高,海参中含镁量十分丰富,牡蛎中富集锌(表1-3)。

表 1-3　常见的鱼虾中的矿物质含量

食物	钙/mg	磷/mg	钾/mg	钠/mg	镁/mg	铁/mg	锌/mg	硒/μg	铜/mg
草鱼	38	203	312	46.0	31	0.8	0.87	6.66	0.05
大黄花鱼	53	174	260	120.5	39	0.7	0.58	42.57	0.04
海虾	146	196	228	302.2	46	3.0	1.44	56.41	0.44
河虾	325	186	329	133.8	60	4.0	2.24	29.65	0.64

引自：杨月欣.中国食物成分表标准版.6版.北京：北京大学医学出版社,2019。

（二）植物性食物中的矿物质

常见的植物性食物包括谷类、薯类、豆类和各种水果蔬菜等，是机体获取碳水化合物、膳食纤维、维生素等的重要食物来源，亦能为机体提供一定的矿物质。

谷类品种繁多，包括小麦、稻米、玉米等，以及以此为原料的各种主食。谷类在加工过程中，随着加工精度的提高，会大量损失包括矿物质在内的各种营养物质。例如每100g小麦中钙、磷、钾、铁、锌、铜、锰的含量分别为34mg、325mg、289mg、5.1mg、2.33mg、0.43mg、3.1mg；而加工成小麦粉后，每100g小麦粉中这些元素的相应含量分别为31mg、167mg、190mg、0.6mg、0.2mg、0.06mg、0.1mg。小麦中钾、钙、铁含量均高于大米，高粱、粟米等杂粮中铁的含量高于小麦、玉米。薯类食物以提供碳水化合物为主，其中矿物质含量较低，例如每100g马铃薯（又称土豆、洋芋）中所含的钙、磷、钾、钠、镁、铁、锌、硒、铜、锰分别为7mg、46mg、347mg、5.9mg、24mg、0.4mg、0.3mg、0.47μg、0.09mg、0.1mg。

豆类食物包括大豆、豌豆、蚕豆、红豆、绿豆等，以及由此制成的豆腐、豆浆等豆制品。这类食物是植物蛋白的主要来源，也含有一定的矿物质。豆类食物含有丰富的钙、磷、铁、锌等矿物质，其含量均高于小麦、大米等谷类食物。

蔬菜根据食用部位不同，分为叶菜、根菜、茎菜、果菜、花菜几大类。水果常见的有苹果、梨、桃、香蕉、草莓、枣、橘子、菠萝、葡萄等。虽然蔬菜、水果的种类繁多,但两者在营养结构上有类似之处——维生素、膳食纤维含量丰富,也都含有一定的矿物质,如钙、钾、镁、钠、铜等,且蔬菜中矿物质的含量通常高于水果。较常食用的蔬菜中,含锌较多的有扁豆、茄子、大白菜、白萝卜等,含铁较多的有芹菜、油菜等。

(三)真菌性食物中的矿物质

真菌类食物不同于一般动植物性食物,常见的真菌类食物有蘑菇、木耳等。这类食物含有丰富的蛋白质,并具有"高蛋白、低脂肪"的特点。这类食物中含有钙、磷、铁、钾、镁、碘、铜等矿物质,其含量通常远高于常见蔬菜。例如,黑木耳中含有丰富的铁,每100g水发黑木耳含铁量达5.5mg,每100g干黑木耳含铁量达97.4mg,这甚至超过了猪肝的含铁量。此外,黑木耳还富含磷、钾、镁、硒、锌和锰元素。银耳有与黑木耳相当的铁、锌、铜、锰、硒等矿物质含量。

二、药物中的矿物质

含矿物质的西药比较多。其所含的矿物质成分、含量往往在药品说明书中有清楚而详细的描述。而中药中的矿物质往往很难通过药品说明书或药物名称进行简单明了地判断。下文将主要论述中药中的矿物质。

矿物是地质作用形成的天然单质或化合物。矿物类中药是中药不可或缺的组成部分。矿物类中药包括天然矿物、矿物的加工品、动物或动物骨骼的化石。矿物类中药中以天然矿物入药的有朱砂、石膏、炉甘石、赭石等,以矿物的加工品入药的有轻粉、红粉等,以动物或动物骨骼的化石入药的有龙骨等。

矿物除少数是自然元素外,绝大多数是自然化合物,它们大多数是固体,少数是液体[如汞(Hg)]或气体[如硫化氢(H_2S)]。每种矿物都有其特定的物理和化学性质,这些性质取决于它们的化学成分和结晶构造。

矿物类中药的分类基于其所含主要成分。尽管存在多种分类方法,但通常是根据矿物中主要成分的阴离子或阳离子的种类进行分类。

(一) 阳离子分类法

如按阳离子分类法,则朱砂、轻粉、红粉等为汞化合物类;磁石、自然铜、赭石等为铁化合物类;石膏、钟乳石、寒水石等为钙化合物类;雄黄、雌黄、信石等为砷化合物类;白矾、赤石脂等为铝化合物类;胆矾、铜绿等为铜化合物类。

(二) 阴离子分类法

如按阴离子分类法,则朱砂、雄黄、自然铜等为硫化合物类;石膏、芒硝、白矾为硫酸盐类;炉甘石、鹅管石为碳酸盐类;磁石、赭石、信石为氧化物类;轻粉为卤化物类等。《中国药典》2020年版对矿物药采用阴离子分类法,将阴离子分为"类",再将化学组成类似、结晶体结构类型相同的种类分为"族",族以下是"种"。种是矿物分类的基本单元,也是对矿物进行具体阐述的基本单位。

常用的矿物类中药如下。

1. 朱砂 为硫化物类矿物辰砂族辰砂。主含硫化汞(HgS)。呈颗粒状或片状,鲜红色或暗红色,条痕红色至褐红色,具光泽。

2. 雄黄 为硫化物类矿物雄黄族雄黄。主含二硫化二砷(As_2S_2)。呈不规则块状。深红色或橙红色,条痕淡橘红色,晶面有金刚石样光泽。微有特异性臭气。

3. 赭石 为氧化物类矿物刚玉族赤铁矿。主含三氧化二铁(Fe_2O_3)。呈不规则扁平块状。暗红棕色或灰黑色,条痕樱红色或红棕色,有的有金属光泽。体重、质硬。

4. 滑石 为硅酸盐类矿物滑石族滑石,习称"硬滑石"。主含含水硅酸镁[$Mg_3(Si_4O_{10}OH_2)$]。手摸之有滑腻感,黏手。

5. 石膏 为硫酸盐类矿物硬石膏族石膏。主含含水硫酸钙($CaSO_4 \cdot 2H_2O$)。呈长块状或不规则块状。纵断面具绢丝样光泽。

6. 芒硝 为硫酸盐类矿物芒硝族芒硝,经加工精制而成的结晶体。主含含水硫酸钠($Na_2SO_4 \cdot 10H_2O$)。呈长方形或不规则块状或粒状。条痕白色。质脆、易碎,断面呈玻璃样光泽。

7. 硫黄 为自然元素类矿物硫族自然硫,或用含硫矿物经加工制得。主含硫（S）。呈不规则块状。黄色或略呈黄绿色。断面常呈针状结晶形。有特异的臭气,味淡。

（王晓玲　胡利华）

第三节　人体中的矿物质

矿物质可根据其在人体中含量的多少,分成常量元素和微量元素。体内含量超过体重 0.01% 的矿物质称为常量元素 (macroelements), 包括钙（Ca）、磷（P）、钠（Na）、钾（K）、硫（S）、氯（Cl）、镁（Mg）; 体内含量低于体重 0.01% 的矿物质称为微量元素 (microelements 或 trace elements)。

一、常量元素

常量元素或宏量元素系指每人每日需要量在 100mg 以上的元素,是人体组成和生命活动的必需元素,广泛存在于身体的各个部位,发挥着多种多样的生理或生物学功能。人体内常量元素含量和主要分布见表 1-4。

表 1-4　人体内常量元素的含量

元素	男	女	主要分布
钙	27mol（110g）	21mol（830g）	骨骼和牙齿（99.3%）
磷	16mol（500g）	13mol（400g）	骨骼和牙齿（85.7%）
镁	780mmol（19g）	-	骨骼和牙齿（60%~65%）,软组织（27%）
钾	3 600mol（140g）	2 560mol（100g）	细胞内（98%）,肌肉细胞（70%）
钠	4 170mmol（100g）	3 200mol（77g）	主要在细胞外液,40%~47% 存在于骨骼

续表

元素	男	女	主要分布
氯	2 680mmol（95g）	2 000mol（70g）	氯化钾在细胞内液，氯化钠在细胞外液
硫	4 400mmol（140g）	–	构成氨基酸的重要组成部分

注：–：无数据。
引自：葛可佑. 中国营养科学全书. 北京：人民卫生出版社，2004。

二、微量元素

人体每日对微量元素的需要量为微克至毫克级别，因此人体内的微量元素含量通常也以微克或毫克为单位表示。微量元素是营养学的重要内容，随着对微量元素科学研究的逐渐深入，我们对微观的甚至超微观层面的微量元素检测、分析和研究得到了显著提升，在阐明了一些过去难以解释的生命现象的同时，也为疾病的防治提供了一些新的可靠的途径与方法。目前可检测的人体内元素超过 70 种，其共同特点是含量很低，绝大多数含量低于人体重的 0.01%，人体主要微量元素含量和主要分布见表 1-5。

表 1-5　人体内主要微量元素的含量

元素	含量范围	主要分布
铁	0.084~0.104mol（4~5g）	血红蛋白、肌红蛋白和其他含铁蛋白
碘	0.158~0.394mmol（20~50mg）	甲状腺（20%），肌肉（50%）
锌	0.038/0.023mol（M2.5/F1.5g）	肌肉（60%），骨骼（30%）
硒	0.029~0.257mmol（2.3~20.3mg）*	肾脏最高，肝脏次之，肌肉（50%）
铜	0.787~1.888mmol（50~120mg）	肌肉和骨骼（50%~70%），肝脏（20%）
铬	0.115~0.135mmol（6~7mg）	肺淋巴结和肺组织浓度最高
钼	0.094mmol（9mg）	肝和肾脏最高

注：*：与生存自然环境本底中硒含量有关；M：男性；F：女性。
引自：葛可佑. 中国营养科学全书. 北京：人民卫生出版社，2004。

（荫士安）

第四节 矿物质的生物效应

一、常量元素

常量元素是人体组成的必需元素,几乎遍布身体各个部位,发挥多种多样的生理功能或生物学效应。

(一)人体组织的重要组成成分

在体内,矿物质是构成人体组织的重要组分,如硫、磷、氯等参与机体蛋白质的合成;钙、磷、镁、钠等是构成人体骨骼和牙齿的主要组成成分。

(二)维持机体酸碱平衡

体液由多种元素组成,如钾离子是细胞内液的主要成分,而钠与氯离子则主要存在于细胞外液,在调节细胞内、外液渗透压,控制水分分布,维持体液稳定等方面发挥重要作用,共同维持机体的酸碱平衡。磷、氯等酸性离子与钠、钾、镁等碱性离子的配合,加上碳酸盐和蛋白质的缓冲作用,共同维持机体的酸碱平衡。

(三)维持神经和肌肉兴奋性以及细胞膜通透性

适宜浓度和比例的钾、钠、钙、镁等离子是维持神经和肌肉兴奋性、细胞膜通透性以及细胞正常功能的必要条件。

(四)其他功效

某些常量元素可构成某些酶的成分或激活酶的活性,如氯离子激活唾液淀粉酶,镁离子激活磷酸转移酶等;某些常量元素(如钙离子)还参与血液凝固过程。

二、微量元素

尽管人体内必需微量元素的数量少,且含量很低,甚至仅存在痕量,但是却发挥着非常重要的生理功能或具有独特的生物学功效,参与体内多种物质代谢过程和生命攸关的生理生化活动。

(一) 构成酶和维生素的组成成分

许多微量元素是多种酶的辅基或必需构成/组成成分。酶系统中总有一种或几种微量元素起着构成活性中心的作用。许多金属酶均含有微量元素，如锌是许多酶活性中心的重要构成成分，近百种酶依赖锌的催化。不同的酶含有不同的微量元素，例如过氧化物酶含有铁，碳酸酐酶含有锌，呼吸酶含有铁和锌，酪氨酸酶含有铜，精氨酸酶含有锰，谷胱甘肽过氧化物酶含有硒等，它们在体内发挥着重要的生理功能。当去除酶活性中心的微量元素时，酶的活性将立即消失。钴是维生素 B_{12}（又称氰钴胺素）的组成成分。

(二) 作为某些激素的合成成分

微量元素在某些激素的组成、合成、释放及其与靶器官的结合过程中发挥着重要作用。例如，碘参与甲状腺素合成，碘含量的增加或减少影响循环中甲状腺素的水平和生物效能；胰岛素含有锌；铬是葡萄糖耐量因子的重要组成部分；铜参与肾上腺类固醇的生成等。

(三) 参与基因的调控和核酸代谢

锌是调节基因启动子的金属-结合转录子和金属反应元件的主要成分，能够正向或负向调节多种基因。核酸中含有铬、铁、钴、铜、锌等多种微量元素，而且核酸代谢需要铬、锰、铜、锌等微量元素的参与，这些微量元素对核酸的结构和维持核酸的正常功能均发挥重要的、特殊的作用。微量元素缺乏/边缘性缺乏或过量均可影响核酸遗传信息的携带，如果发生在生殖细胞，则常可表现为胚胎/胎儿畸形。

(四) 其他特殊生物学功效

许多微量元素参与蛋白质、脂类或碳水化合物的代谢过程。铁作为血红蛋白、肌红蛋白、细胞色素 A 以及一些呼吸酶的组成成分，参与携带和运送氧到各组织；锌作为碳酸酐酶的成分参与二氧化碳的排出，锌指蛋白的发现证实了锌具有的结构功能。也有研究发现，长期暴露在某些微量元素缺乏或过量的环境中，可能是肿瘤发生的原因之一。例如，缺碘可引起单纯性甲状腺肿，亦可使垂体分泌过多的甲状腺素而诱发肿瘤。然而,长期摄入过量的碘也被认为是甲状腺肿瘤的一个原因。

(荫士安)

第五节 矿物质与人体疾病

维持适宜的矿物质营养状态,对于儿童获得最佳的生长发育至关重要。适宜的矿物质有助于骨骼和牙齿的健康,维持人体内环境酸碱平衡和稳态,使机体的物质代谢过程正常进行。然而,长期暴露于一种或几种矿物质缺乏或过量的环境中,将会影响机体健康状况,降低对疾病的抵抗力,增加某些疾病的易感性。

一、矿物质缺乏相关的疾病

某种或几种矿物质长期摄入不足,轻者可使机体的功能低下,严重时可导致生理功能发生异常,出现明显的临床症状,如钙与磷缺乏影响骨骼健康,缺铁导致贫血,碘缺乏影响生长发育和认知能力,锌缺乏导致生长发育迟缓等。人体易发生缺乏的矿物质汇总于表 1-6。

表 1-6 人体易发生缺乏的矿物质

矿物质	主要功能作用	缺乏症	缺乏原因	危险因素
钙	骨骼和牙齿形成、血液凝固、肌肉收缩和神经传导	血钙过低,骨骼钙化不良与骨质疏松,成年期患某些慢性病风险增加	钙摄入量不足,主要是奶类食品摄入不足	膳食中低奶类食品,绝对素食,婴幼儿期和青少年

续表

矿物质	主要功能作用	缺乏症	缺乏原因	危险因素
铁	红细胞血红蛋白必需成分,从肺部运输氧到其他组织的载体;细胞内电子转运介质;组织中多种重要酶的组成部分	小细胞低色素性贫血(缺铁性贫血),影响学习认知能力,影响做功能力,增加分娩低出生体重儿和母婴死亡风险	膳食来源铁不能满足需要(包括维生素C),或失血增多或食物中存在较多干扰铁吸收的成分,发生营养性缺铁性贫血	经血丢失,妊娠需要量增加,青春期生长突发期,素食,营养不良,疟疾,导致失血的钩虫或其他寄生虫感染
碘	合成甲状腺激素必需成分,甲状腺激素影响机体新陈代谢、生长发育	胎儿和新生儿期缺碘导致脑和神经系统发生不可逆损害、智力低下(克汀病);生长发育迟缓,甲状腺肿等	长期碘摄入量不足(经食物和食盐)。食物/食盐中碘含量取决于生存环境中碘含量	膳食低碘,碘盐摄入量不足
锌	体内百余种酶的辅酶,参与体内物质代谢过程	胚胎早期缺乏增加发生神经管畸形风险,影响胚胎和儿童生长发育	膳食锌摄入量不足,尤其以植物性食物为主的膳食	膳食中缺少动物性食物,绝对素食,婴幼儿期和青少年

改编自:中国营养学会.中国居民膳食营养素参考摄入量(2013版).北京:科学出版社,2014。

二、矿物质过量的危害

当长期过量暴露于某种或几种必需矿物元素时(主要通过食物,个别也有通过饮水或空气),发生过量摄入的风险明显增加,严重抑制其他必需矿物元素的吸收利用,同时也会不同程度地影响健康状况,甚至产生严重不良影响(表1-7)。

表 1-7　长期摄入过多／过量矿物质对健康风险

矿物质	确定 UL 值的风险	其他风险
钙	高钙血症、高尿钙症、肾结石等	耐碱综合征、软组织钙化、血管钙化增加患心脑血管疾病风险，抑制其他元素吸收
铜	肝损害	恶心、呕吐和其他胃肠道疾病
硒	脱发，指甲变脆、变形	肠胃不适，皮疹和呼吸大蒜味，疲劳，易怒和神经系统异常
碘	升高甲状腺刺激激素	甲状腺功能紊乱，甲状腺肿，甲状腺癌等
铁	胃肠道影响（即便秘、恶心、呕吐、腹泻和腹痛）	参与体内自由基生成，诱发过氧化反应，损害脂肪酸、蛋白质和核酸，加速细胞老化和死亡
锌	降低铜营养状态和增加贫血发生率	抑制免疫反应，降低高密度脂蛋白胆固醇，急性胃肠道不适（如恶心、呕吐、腹泻等）
氟	氟斑牙、氟骨症	对神经系统的影响和干扰甲状腺功能，影响儿童智力发育

改编自：GERNAND A D.The upper level：examining the risk of excess micronutrient intake in pregnancy from antenatal supplements.，Annals of the New York Academy of sciences，2019，1444（1）：22-34.

中国营养学会．中国居民膳食营养素参考摄入量（2013 版）．北京：科学出版社，2014.

（荫士安）

第六节　矿物质在儿童健康的研究与应用

儿童在生长发育阶段不仅要满足日常活动的营养需求，还要保障其生长发育的需求。与成人相比，同样单位体重的儿童对矿物质需要量更多，代谢更为旺盛。与之相对应的是，当这些营养素供给和代谢发生异常时,对儿童生长发育和健康的影响更为明显,变化更快,且可能带来显著的长期效应。另一方面,由于伦理限制和小龄儿童标本获取困难等方面的原因,针对儿童矿物质方面的研究数据相对较少,一些数据和结论不得不依据成人数据加以推断而来。因此,矿物质与儿童健康的关系既在某些方面与成人相似,也有自己的特点,防治工作亦有特定的重点。

一、常量元素

在儿童时期容易慢性缺乏的常量元素主要有钙、磷、镁等,尤其是钙、磷代谢与骨骼发育、骨健康关系密切。钙、磷代谢异常是儿童时期最常见的健康问题。儿童钾、钠、氯代谢速率较快,代谢紊乱一般出现在急性胃肠炎、剧烈吐泻或使用利尿剂等引起急性体液丢失的情况下,此时钾、钠、氯和水的数量与分布,磷、氯、钙、镁与弱酸盐缓冲系统共同调控和维持酸碱平衡是儿科急症经常面临的重要问题。另外,这些常量元素还具有维持神经和肌肉兴奋性的作用,成人缺乏钙、镁离子时很少表现为全身抽搐,但在婴幼儿中,低钙血症、低镁血症常常会引起全身抽搐,是儿童早期需要高度警惕并加以防治的常见病症。

二、微量元素

微量元素众多,其中必需微量元素在儿童生长发育和健康中具有重要的生理功能和独特的生物学效应。微量元素与儿童健康关系的研究主要集中在儿童必需微量元素的营养需求和推荐摄入量的确定,必需微量元素缺乏对儿童生长发育、免疫功能等生理功能的影响,在儿童常见疾病发生、发展中的作用以及如何防治等方面。此外,做好有害微量元素的有效防控,避免或减少对儿童健康的危害,也是备受关注的课题。

(一)微量元素的营养需求与供应

通过动物实验、临床观察等方式,对儿童各个年龄阶段必需微量元素的营养需求和推荐摄入量、适宜摄入量及最大耐受量等加以研究和确定,为保障儿童微量元素的合理供应、营养平衡、防止过量摄入提供重要依据。

微量元素供应方面的研究主要包括以下两个方面:一是提供儿童适宜的微量元素制剂和功能性产品,栽培、养殖、生产各种富含微量元素的动物性、植物性食品,提供各种适宜儿童的食材和膳食。二是充分发挥各类儿童健康专业机构和各级儿童保健服务网络的作用,帮助广大家长获得科学的营养观念、正确的喂养技能,采取合理的喂养方式和选择适宜的微量元素制剂和食品,保障各个年龄阶段儿童能获得最适宜的矿物质营养。

(二) 微量元素与儿童生长发育

必需微量元素对儿童生长发育和生理功能有直接或间接的影响。锌、碘元素是体内大量代谢酶类的辅酶的组成成分,同时还参与某些激素(如胰岛素、甲状腺激素)的合成,对儿童生长发育有直接而明显的影响。锌、碘元素的缺乏如发生在胚胎时期,轻者影响正常的发育,重者会导致畸形、流产或死胎;如缺乏发生在儿童期,则会引起严重的生长发育障碍。锌、铬、铁、钴、铜、锰等微量元素共同参与基因的调控和核酸代谢,对组织细胞分化、生长有着广泛的影响。锌、铁、碘、钴等元素与儿童大脑发育密切相关,同时还参与中枢系统神经生理过程,影响儿童的记忆、注意、认知功能和情绪行为。

(三) 微量元素与儿童常见疾病

微量元素对机体生理过程影响广泛,它们可以通过直接或间接作用影响物质代谢,影响免疫系统、内分泌系统、神经系统、造血系统及其他系统的功能,进而影响儿童疾病的发生、发展。锌元素缺乏会导致生殖系统发育障碍和生长发育迟缓;碘元素缺乏发生在儿童早期可导致地方性克汀病,发生在大龄儿童则会导致甲状腺肿。锌、铁、硒等元素通过参与免疫细胞的分化,直接或间接地影响体液免疫功能或细胞免疫功能,影响儿童感染性疾病、免疫性疾病的发生发展。铁元素是血红蛋白、肌红蛋白、细胞色素 A 以及一些呼吸酶的重要成分,铁缺乏可直接引起血红蛋白合成障碍,影响组织细胞氧的呼吸与代谢,是导致儿童早期贫血的最常见原因。流行病学研究提示,硒缺乏是克山病、大骨节病发生的重要环境因素。

(四) 对有害微量元素的防控

铅、镉、汞、氟等有害微量元素对儿童健康的危害越来越受到重视。通过环境监测,适当限制这类元素产品的生产、使用,减少有害元素的环境污染,改善儿童日常卫生习惯,避免儿童有害微量元素的暴露,必要时应用拮抗剂等,可以预防或减少这类有害微量元素对儿童健康的损害。

(五) 儿童微量元素的检测与监测

微量元素检测是其他各种研究的基础,各种检测方法还在不断发展中,而灵敏、有效、可靠、便捷是检测者不懈追求的目标。儿童是一个处于生长发育中的群体,连续的监测与观察对阐明微量元素与儿童健康的关系十分必要。由于生理、心理的特点,儿童尤其是婴幼儿血液标本的采集较为困难。末梢血采集的接受度相对较高,但采集时容易混入组织液而导致检测结果不稳定,在临床工作中长期不被认可,但在群体儿童健康管理或营养状况监测中,作为一种简便的筛查性方法,其结果还是可以接受的。对于筛查结果阳性的儿童,有选择地进行静脉血复核,可明显降低工作难度,有助于微量元素监测在日常儿童保健工作中开展。例如,通过检测末梢血清铁蛋白,可为了解群体儿童铁缺乏的状况、早期发现铁缺乏儿童、制订系统性的群体防控方案、观测防治效果、提供关键性指标和依据。微量末梢血铅的测定给大面积、连续长期地监测儿童铅负荷状况提供了极大的方便。尽管末梢血检测微量元素的灵敏性、可靠性存在争议,但随着检测设备和技术的进步,通过检测过程中加强质量控制,并及时与静脉血样进行比对,其结果的可靠性和参考价值将会不断提升。

(何守森)

参 考 文 献

1. 杨月欣.中国食物成分表标准版(第一册).6版.北京:北京大学医学出版社,2018.
2. 杨月欣.中国食物成分表标准版(第二册).6版.北京:北京大学医学出版社,2019.
3. 钟赣生,杨柏灿.中药学.5版.北京:中国中医药出版社,2021.
4. 杨月欣,葛可佑.中国营养科学全书.2版.北京:人民卫生出版社,2019.
5. 李慧.儿童微量元素的检测及其特点.医学信息,2020,33(24):113-116.
6. 中国营养学会.中国居民膳食营养素参考摄入量(2023版).北京:人民卫生出版社,2023.
7. 葛可佑.中国营养科学全书.北京:人民卫生出版社,2004.
8. WORLD HEALTH ORGANIZATION.Trace elements in human nutrition and health.Geneva,1997.
9. GERNAND A D.The upper level:examining the risk of excess micronutrient intake in pregnancy from antenatal supplements.,Annals of the New York Academy of sciences,2019,1444(1):22-34.
10. 中国营养学会.中国居民膳食营养素参考摄入量(2013版).北京:人民卫生出版社,2014.

第二章
矿物质与儿童健康

矿物质作为人体必需的营养素,对儿童的生长发育起着至关重要的作用。它们不仅参与构成人体组织,也参与调节身体各种生理功能的正常发挥。儿童正处于生长发育期,各项生理功能不断完善,代谢活动相比成年人更为旺盛,体内的矿物质出现缺乏或过量都会对儿童的健康产生不良的影响。因此,保证儿童获得足够的矿物质,对于其健康成长至关重要。本章将从与儿童健康相关的矿物质的理化性质、吸收与代谢、生理作用、与儿童健康的关系、检测与评价、来源与参考摄入量、缺乏及过量的防治八个方面进行阐述。

第一节 钙

钙(Ca)是儿童健康成长不可或缺的矿物质。儿童的骨骼、牙齿等组织的形成都需要钙的参与。儿童钙缺乏可能导致佝偻病、龋齿等疾病。应确保儿童摄取足够的钙,多吃富含钙的食物,如奶制品、深绿色蔬菜等。同时,注重户外活动和维生素 D 的摄取,促进钙的吸收,维护儿童健康成长。

一、钙的理化性质

钙是一种金属元素,原子序数 20,相对原子质量 40.078。在元素周期表中处于第四周期、第ⅡA族。为地球含量第五丰富的元素,亦是人体重要的组成成分,在人体成分构成比中其含量排第五位,是人体无机盐中含量最多的元素。健康成人体内钙总量约为 1 000~1 300g,约占体重的 1.5%~2.0%。

二、钙的吸收与代谢

（一）体内分布

人体约 99.3% 的钙储存于骨骼和牙齿中,剩余不到 1% 的钙则存在于软组织、血浆和细胞外液中。在骨骼中,钙主要以羟磷灰石结晶的形式存在；软组织和体液中,钙以游离和结合形式存在,称为混溶钙池；血浆中的离子化钙以生理活性形式存在,在维持体内细胞正常生理状态、调节机体生理功能方面发挥重要作用。钙在血液和骨骼之间处于不断交换状态,以维持血钙浓度的稳定。

（二）钙的吸收

钙的吸收受较多因素影响,要获取准确的吸收率较为困难。通常情况下,机体钙营养状况对钙的吸收影响较大,钙营养状况良好时吸收率相对较低,钙营养状况差时吸收率则相对较高。膳食钙吸收的主要部位在肠道,有两条途径:①通过跨细胞途径的主动吸收,主要吸收部位为十二指肠;②通过细胞旁途径,即肠黏膜细胞间钙的被动扩散吸收,在肠腔各段均可被吸收。1,25-$(OH)_2$D对上述两种吸收途径均有调控作用。当肠腔内钙离子浓度较低时,跨细胞途径成为钙吸收的主要方式,当肠腔内钙离子浓度较高时,细胞旁途径则为钙吸收的主要方式。

(三)钙的代谢

1. 钙平衡和钙稳态 钙平衡是指人体内钙的储存处于稳定的状态,有三种状态:正平衡、零平衡和负平衡。钙稳态包括细胞外液钙稳态和细胞内液钙稳态两种形式。细胞外液中的钙离子浓度的稳定,通常指的是血液中钙离子水平的恒定,这依赖于多种钙调节激素间错综复杂的相互作用。细胞内钙离子的平衡对于维持细胞功能至关重要。肠道对钙的吸收、肾脏对钙的重吸收以及骨骼中钙的储存和释放,都是维持血液中钙离子浓度稳定的关键因素。如果细胞外液中的钙离子水平发生变化,可能会导致机体出现严重的低钙或高钙症状。在正常情况下,细胞内的钙离子浓度大约是 100nmol/L,大约只有细胞外液的 1/1 000。在电、物理或化学刺激下,细胞外液中的钙离子可以通过细胞表面受体进入细胞内,肌质网和内质网也可在特定刺激下释放钙离子,可能导致细胞内钙离子平衡的紊乱。细胞内钙离子平衡的变化通常与细胞功能的实现密切相关,例如激活酶、通过磷酸化蛋白来激活特定的细胞反应,如视觉功能、肌肉收缩、神经递质的释放、激素的分泌、糖原代谢、细胞的分化、增殖和运动等。钙代谢的调控涵盖了钙在体内的平衡状态(即钙的进出)以及细胞内外钙稳态的调节。这些调控机制共同确保了生物体能够高效且稳定地利用钙离子,以支持其复杂的生理活动和功能需求。

2. 钙的吸收与排泄的调控 钙的代谢与平衡受到体内多个关键器官的调控,主要包括肠道、肾脏、骨骼及甲状腺等。肠道在钙的吸收与排泄过程中扮演核心角色,肾脏通过调控钙的重吸收与尿液中的排泄量来维持体内钙的水平。骨骼作为钙的主要储存库,参与调节全身钙的稳态与平衡,确保体内钙的供需平衡。年龄是钙平衡的一个重要影响因素：在儿童及青少年阶段，钙的吸收通常超过排泄，呈现正平衡；中年时期，吸收与排泄大致相等，达到零平衡；而到了老年阶段，钙的排泄可能超过吸收，形成负平衡。肾脏对从血液中经过肾小球滤过的非蛋白结合钙进行重吸收，高达99%的钙被肾小管重新吸收回体内，仅有不到1%随尿液排出体外。肾脏通过调节钙的重吸收与分泌，维持体内钙的平衡。人体内的钙平衡与稳态是一个复杂而精细的过程，涉及多种调控因子的协同作用。任何一环的失衡，无论是钙的吸收、重吸收、平衡还是稳态的破坏，都可能打破人体内正常的钙平衡，进而引发一系列临床问题。

3. 儿童钙代谢特点

(1)钙是一种人体需求量较大的矿物质：随着儿童年龄的增长和身体的发育，骨骼中的矿物质含量迅速增加。为了维持儿童和青少年的骨骼正常成长，并达到一个高骨量峰值，需要保障足够的钙摄入，使钙的代谢保持在正平衡状态，即骨骼的形成速度超过其溶解速度，钙的摄入量大于其排出量。在生长发育速度较快的阶段，骨骼的形成速度更快，积累的骨量也更多，因此对钙的吸收和储备需求也相应增加。婴儿期是身体发育的关键时期，对钙的监测尤为重要，如果需要，应及时补充钙的摄入。

(2)随着年龄的增长，儿童对钙的吸收能力会逐渐降低。婴儿在摄取母乳时，钙的吸收率较高，可以达到60%~70%。在儿童骨骼生长的关键时期，钙的吸收率可高达75%。然而，成年人的钙吸收率通常只有20%~40%。

(3)儿童时期是补钙的"黄金时段"：这个时期摄入的钙有助于人体达到最大的骨峰值。在人的一生中，骨骼通过细胞机制不断地进行重塑和更新，新骨的形成与旧骨的溶解吸收是一个持续的过程。钙作为骨骼构成的重要成分，参与了整个过程。骨量的变化和峰值骨量可以间接地反映钙的代谢状态。峰值骨量是指一个人一生中能达到的最高骨矿物密度。峰值的形成、维持的时间以及下降过程都与骨骼健康紧密相关。儿童早期的钙营养对形成最大的峰值骨量至关重要，钙的缺乏不仅会影响峰值骨量的形成，还可能对骨骼健康造成长期的危害。青春期是骨量积累的关键时期,成人骨量的一半是在这个阶段形成的。如果儿童,尤其是女孩,在日常生活中钙的摄入量不足,成年后可能无法达到最大的峰值骨量。少女时期正常的骨矿物含量、骨密度(BMD)和高骨量峰值,不仅有助于降低骨折和老年期骨质疏松的风险,而且对于减少成年后孕期和哺乳期的钙丢失、维持钙平衡、确保正常分娩同样具有重要意义。

三、钙的生理作用

钙在人体内的分布决定其不同的生理功能。在血液中,特别是以离子形式存在的钙(Ca^{2+}),通过直接作用或通过调节细胞内的钙浓度,参与人体中的众多生理活动。细胞内的钙作为一种重要的信号传递分子和离子,在突触传递和可塑性、基因表达调控、神经元兴奋性以及细胞维护等方面扮演着关键角色。这些作用对于保持神经细胞的健康和正常功能至关重要。

(一)构成骨骼和牙齿的成分

人体骨骼和牙齿的无机成分主要由钙的磷酸盐构成,这些物质通常以羟磷灰石或磷酸钙的形式存在,是体内钙离子与磷酸根离子相互作用形成的结果。在体内,骨骼中的钙与血液中的混溶钙池维持着一种动态平衡。骨骼中的钙通过破骨细胞的作用不断释放到血液中的混溶钙池,而混溶钙池中的钙又通过成骨细胞的作用被重新沉积到骨骼中。这一过程使得骨骼能够不断地更新和重塑(图2-1)。

(二)维持神经和肌肉的活动

钙离子能够与细胞膜的蛋白以及多种阴离子基团结合,这种结合对于神经递质的释放、神经信号的传递、细胞受体的结合以及离子通道的通透性等具有重要影响。这些作用对于维持神经肌肉系统的正常功能至关重要,包括神经冲动的传导、神经肌肉的兴奋性以及心脏的正常搏动等。当血液中的钙离子浓度显著降低时,可能会导致手足抽搐和惊厥等症状;而血浆中钙离子浓度过高时,则可能引发心力衰竭和呼吸衰竭等严重后果。

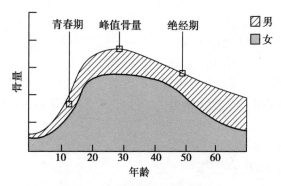

图 2-1　不同年龄段人体骨量变化

引自：International Osteoporosis Foundation. 2017 Building Strong Bones In Youth Brochure English.2019。

（三）促进细胞信号传递

钙离子是细胞内最为重要的"第二信使"之一，在细胞受到外界刺激之后，细胞内的钙离子浓度会上升，触发一系列细胞内的反应。钙离子的调节作用广泛影响着组织和细胞间的反应过程，包括腺体的分泌活动、基因的转录与调控、细胞的增殖与分化、细胞骨架的构建、中间代谢反应、神经末梢神经递质的释放以及视觉形成等。

（四）促进血液凝固

钙离子作为凝血因子Ⅳ，具有促进凝血过程的能力。它能够协助活化的凝血因子在磷脂表面聚集形成复合体，从而加速血液凝固的过程。

（五）调节机体酶的活性

钙离子对参与细胞代谢的多种酶的活性有着显著影响，包括鸟苷酸环化酶、腺苷酸环化酶、酪氨酸羟化酶和磷酸二酯酶等。

（六）维持细胞膜的稳定性

细胞外介质中的钙离子不仅能够与细胞膜上的特定蛋白质结合，还能与膜上的磷脂分子中的阴离子基团相互作用。这种相互作用会引起细胞膜结构发生构象变化，增强其疏水性。这种变化对于保持细胞膜的完整性和执行其正常的生理功能至关重要。

(七)其他功能

钙离子在体内的多种生理过程中发挥关键作用,包括调节激素的释放、维持体液的酸碱平衡,调节细胞的正常生理功能等。

四、钙与儿童健康

钙与儿童健康的关系见图2-2。

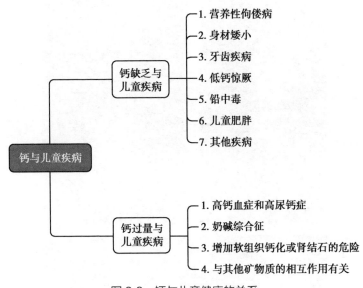

图2-2 钙与儿童健康的关系

(一)钙缺乏与儿童疾病

人体如果缺乏钙,可能会增加患上多种慢性代谢性疾病的风险,包括骨质疏松症、糖尿病、高血压和肿瘤等。

1.营养性佝偻病 钙缺乏是导致营养性佝偻病的一个重要因素。该疾病通常发生在儿童身上,是由于维生素D缺乏和/或钙摄入量过低导致生长板软骨细胞的异常分化、生长板及类骨质矿化障碍所致。在维生素D缺乏的情况下,钙摄入量不足成为佝偻病的一个主要原因,其主要特征是长骨生长板的组织学改变(图2-3)。矿化障碍可进一步分为生长板矿化和类骨质矿化两个层面。当维生素 D 水平不足或缺乏,同时伴有钙缺乏时,佝偻病的发生风险就会增加。主要临床表现包括:夜间惊醒、多汗、易怒、手足搐搦、骨骼发育延迟或畸形(例如牙齿发育迟缓、囟门闭合延迟、肋骨串珠状改变、哈里森沟、鸡胸、漏斗胸、膝外翻、膝内翻等),以及体格和智力发育迟缓等。

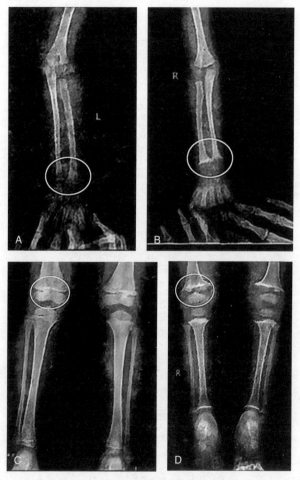

图 2-3　佝偻病时骨骼 X 线改变
A、C 分别为佝偻病腕部和膝部,B、D 分别为正常腕部和膝部。

2. **身材矮小** 钙是儿童成长发育不可或缺的营养元素,其缺乏可能会对儿童的正常成长造成负面影响。研究显示,在青少年时期,钙的摄入与身高的迅速增长密切相关。如果青少年每天的钙摄入量低于300mg,可能会导致成年后身材矮小。

3. **牙齿疾病** 钙的充足与否还会影响牙齿的健康发育和生长。缺钙会造成牙釉质钙化不全,使得牙本质失去保护层,同时牙釉质和牙本质的致密度降低,抗龋能力下降。一些细菌(如变形链球菌、乳酸杆菌等)分解食物中的碳水化合物而产生酸性物质,使牙齿硬组织脱钙,软组织崩解,逐层破坏牙釉质、牙本质,在牙上形成龋洞。当龋洞接近牙髓中的神经时,冷、热等刺激和食物嵌入洞内,可引起痛感。儿童缺钙可致使牙齿的钙化程度降低,加速细菌产酸的脱钙过程,龋齿的发展也会随之加快。另外,缺钙也使唾液中钙含量减少,增加龋齿发生的可能。因此,预防儿童龋齿,除注意口腔卫生外,还要保证充足的钙营养。

4. **低钙惊厥** 儿童出现低钙惊厥通常是因为血钙水平降低。钙在血液内主要通过抑制肌肉的过度兴奋和收缩来发挥作用。当儿童的血钙水平降低时,这种抑制作用会减弱,导致肌肉的兴奋性增加,从而引发不自主的肌肉收缩,即所谓的"抽筋"。一般血钙浓度降低到7mg/100ml以下时,神经骨骼肌兴奋性增强,可以出现手足搐搦或惊厥。经临床观察和检验发现,约70%的儿童惊厥与体内钙缺乏有关。

5. **铅中毒** 儿童铅中毒是全世界较为严重的一个公共卫生问题。目前我国城市儿童铅中毒发生率约20%~30%,远远高于发达国家,预防儿童铅中毒刻不容缓。

研究表明,钙和铅在小肠上皮通过相同的离子转运通道(转运蛋白)进行吸收,两种离子的吸收存在竞争性抑制,一种离子的大量摄入会抑制另一种离子的转运。利用这种竞争抑制机制,给铅超标儿童适量服用钙剂,不但对儿童骨骼发育有好处,还能降低机体胃肠道对铅的吸收和骨铅蓄积,降低铅的毒性。研究表明,口服钙剂是治疗轻、中度铅中毒患儿的有效方法,服用钙剂后患儿血铅水平明显下降。除了药物治疗外,儿童还应多吃奶类、海产品等富含钙的食物,以预防铅中毒。

6. 儿童肥胖 肥胖者体内脂肪细胞中钙蓄积,增加脂肪酸合成酶活性,降低解耦联蛋白表达,致使脂质合成增加,产热减少,进而直接增加体脂。血清钙的减少通过影响糖代谢间接促使儿童肥胖。

7. 其他疾病 研究表明,钙缺乏除与骨健康相关外,还可能与糖尿病、心血管病与高血压、癌症等慢性疾病相关。

(二)钙过量与儿童疾病

过量摄入钙会产生不良作用,钙摄入过量的主要不良后果包括高钙血症,高钙尿症,肾结石,乳碱综合征,血管及软组织钙化,干扰铁、锌等金属离子的吸收和引起便秘等。

1. 高钙血症和高钙尿症 高钙血症可以由摄入过多的钙和/或维生素 D 引起,但更多的是因为甲状旁腺功能亢进。当血钙水平超过 120mg/L,肾脏的重吸收能力达到极限,导致高尿钙的出现,高钙尿症是指每天的尿钙排出量超过正常值(女性超过 250mg,男性超过 275mg)。高钙血症加之其导致的高尿钙,可能引起肾功能不全、血管及软组织钙化和肾结石。

2. 乳碱综合征(milk-alkali syndrome,MAS) MAS 是高钙血症伴或不伴有代谢性碱中毒和肾功能不全的综合征,最早发现于给予大剂量的碳酸氢钠、磷酸钙和奶治疗消化性溃疡之后所出现的副作用。大量钙摄入导致高血钙,进而引起呕吐和尿钠排出增多,后者引起血容量的降低并进一步恶化高血钙,增加远端肾小管对碱的重吸收,从而增加血碱浓度。

3. 增加软组织钙化或肾结石的危险 长期血钙和血磷增高或软组织异常等,可导致钙在软组织中沉积,引发代谢异常,如甲状旁腺功能亢进、结缔组织病等,容易引起软组织钙化。高血钙时,肾脏功能异常更容易引起肾脏组织钙化或肾结石。肾结石与各种原因导致的高尿钙有关,大约 80% 的肾结石中含有钙。高血钙是肾结石的一个重要危险因素,但高尿钙在正常血钙时亦可发生。研究表明,钙或维生素 D 摄入增多与肾结石发生风险增加有直接关系。

4. 与其他矿物质的相互作用有关 钙和镁、铁、锌吸收存在竞争性抑制，即过高的钙可降低其他元素的生物利用率。

五、钙的检测与评价

人体钙元素主要储存于骨骼中，并且体内存在一个高效调控的机制来维持血液中钙的稳定水平。目前，还没有一个普遍认可的方法可以用于直接评估人体的钙营养状况。通常，会通过分析个人的饮食习惯，检测血液中与钙功能相关的生化指标，观察钙代谢的指标，以及评估临床症状来综合判断个体的钙营养水平是否充足。

（一）膳食钙的摄入量

通过评估个体在一定时期内的饮食中钙的摄入情况，并将其与推荐摄入量进行对比分析，可以确定个体实际摄入的钙量与推荐标准之间的差异。虽然这种膳食调查方法可能会受到个人记忆偏差或选择性报告的影响，但这仍然是目前研究钙摄入与健康及疾病关系的一个常用方法。通过这种方法，可以大致估计个体的钙摄入水平。然而需要注意的是，即使膳食中的钙摄入量未达到推荐的标准，也仅仅表明摄入量不足，并不直接等同于在生物学上存在钙缺乏的问题。

此外，将钙摄入量的调查结果和钙健康效应指标结合，可确定钙的摄入量与健康效应之间的量效关系（或剂量-反应）曲线，评估膳食钙的需要量。

（二）生化指标测定

1. 血液钙水平测定 血液钙水平尽管理论上较为稳定，但通常不被作为常规的钙营养状况检测指标。血液中的钙浓度受到严格的生理调节，其波动范围相对较小，通常只有在极端的钙摄入不足或营养不良情况下，血钙水平才会显著偏离正常范围。正常的血钙水平范围是 2.25~2.75mmol/L（9~11mg/dl）。当血钙水平低于这个范围时，被称为低钙血症，这种情况可能在疾病引起的电解质紊乱或特定的生理状态（例如怀孕期间）中出现。研究表明，在采用严格的方法和标准进行检测时,血清钙水平不仅反映钙的代谢状态,还可能在一定程度上反映群体的钙营养状况。然而,在临床实践中,应该结合患者的病史和其他相关检测结果,进行全面的评估。

2. 尿液中钙含量的测定　尿液中的钙含量是肾脏在排泄和重吸收钙的过程中达到平衡的结果,其正常范围大约在 2.7~7.5mmol/24h。尿液中钙的含量受到多种因素的影响,包括体内钙的代谢状态。尿钙水平不仅与日常饮食中的钙摄入量有关,还与钠和蛋白质的摄入量密切相关,并受个体对钙的需求、尿量以及肾功能等多种因素的共同影响。在钙的摄入和排出达到平衡的情况下,尿液中的钙排泄量可以作为评估钙生物利用率的一个参考指标。然而,在儿童快速成长期间,由于摄入的钙大多被身体吸收利用,尿液中的钙含量可能不足以准确反映钙的营养状况。同样,在怀孕和哺乳期间,女性摄入的钙也主要用于支持胎儿或婴儿的发育,因此尿液中的钙含量同样可能较低,不能准确反映钙的营养状态。

因此,尽管尿液中的钙含量可以作为评估钙的生物利用率和代谢状态的一个指标,但在评估个体钙营养状况时,它并不是一个理想的生化指标。

3. 离子钙测定　离子钙的测定主要用于监测身体电解质平衡的变化。由于其在血液中的含量极低,离子钙的浓度测定并不直接用于评估钙的营养价值。

4. 其他相关指标　在儿童时期,骨碱性磷酸酶的水平可以作为营养性佝偻病早期诊断的参考指标,其正常值应 ≤200U/L。此外,骨碱性磷酸酶、骨钙素以及交联 N-端肽Ⅰ型胶原等生化指标,通常用于骨质疏松症的临床诊断、分型及治疗效果的监测。

(三) 骨密度和骨矿物质含量检测

检测骨骼中的钙含量是评估钙营养状况的一种有效手段。然而,目前尚无直接测量骨骼钙含量的方法。近年来,骨盐含量(bone mineral content,BMC)与骨密度(bone mineral density,BMD)作为间接指标,已被广泛用于评价骨矿物质的含量。骨密度的正常值为：T 值为 –1~1；Z 值 ≥ –2.0。T 值是患者的骨质跟正常健康儿童比较的标准差值，–1~1 表示骨密度正常，–2.5~–1 表示骨量有减低，<–2.5 表示有骨质疏松。Z 值是与同龄正常人的比较结果，Z 值 ≤ –2 说明骨密度低于正常同龄人的标准。测定 BMC 方法多样，涵盖了以下几种：双能 X 射线吸收法（dual-energy x-ray absorptiometry，DXA）、定量计算机断层扫描（quantitative computed tomography，QCT）及定量超声技术（quantitative ultrasound，QUS）、单光子吸收法（single photon absorptiometry，SPA）和双光子吸收法（dual-photon absorptiometry，DPA）等。

1. DXA 在测量 BMC 和 BMD 方面具有多项优势，如辐射低、操作迅速、测量结果准确且具有高度的可重复性。它能够有效地评估人体的骨矿物质含量，间接地反映钙的营养状况，因此在临床诊断和治疗骨质疏松症方面得到了全球范围的认可。然而，DXA 检测存在一些局限性，例如它无法提供有关骨骼结构、强度和韧性的信息。此外，DXA 设备的高成本以及使用放射线可能带来的健康风险，也限制了它在临床实践中的广泛应用。

2. QUS 骨密度检测因其经济实惠、便于携带且无放射性辐射的优点，近年来在国内的医疗保健机构中得到了广泛的推广和应用。这项检测不仅能够间接反映骨骼的密度，还能提供关于骨骼韧性和结构的信息，能够更全面地评估骨骼的健康状态。超声骨密度检测虽然能够提供关于骨矿含量和骨骼健康状况的大致信息，但目前的研究成果主要基于成人，并没有针对中国儿童的标准值。因此，开展该检测项目的各单位通常使用供应商提供的参考值，而这些参考值可能因国家、种族、参照体系、标准制定目的以及检测设备等不同因素而有所差异，导致检测结果的解读可能出现较大的偏差。

此外，骨密度检测结果还可能受到运动状态、整体营养状况等因素的影响，因此在分析检测结果时需要进行全面评估。在临床实践中，应避免仅根据 BMD 检测结果偏低就草率地判断被检查者存在维生素 D 缺乏、钙缺乏或佝偻病等问题。在评估骨矿含量和钙营养状况时，DXA 可能提供更为准确的检测结果。

六、儿童钙的来源与膳食参考摄入量

(一) 钙的来源

人体钙的来源包括食物、强化食品、药物、营养补充剂等。

1. 儿童膳食钙来源 奶类是儿童获取钙质的主要来源,其钙质也是最易于吸收的形式。对于婴儿,推荐母乳喂养,并建议母亲适量补充钙剂。婴儿期过后,应保证儿童每天摄入一定量的奶制品。《中国居民膳食指南(2022)》建议,对于6个月以内的儿童,推荐纯母乳喂养,以确保他们从母乳中获得所需的钙。7~12个月的儿童,每天的奶量应达到500~700ml。1~2岁的儿童,每天的奶量应为400~600ml。学龄前儿童每天的奶量建议为350~500ml,而学龄儿童则为300~500ml。除了奶类,豆类食品也是钙含量丰富且易于吸收的补钙选择。绿叶蔬菜同样含有一定量的钙,但相比之下,其吸收率较低。常见食物钙含量如表2-1所示。

表2-1 常见食物钙含量　　单位: mg/100g

食物名称	含钙量	食物名称	含钙量	食物名称	含钙量	食物名称	含钙量
人奶	30	大豆	191	羊肉(瘦)	9	花生仁	284
牛奶	104	豆腐	164	鸡肉(带皮)	9	荠菜	294
干酪	799	黑豆	224	海带(干)	348	苜蓿(炒)	713
蛋黄	112	青豆	200	紫菜	264	油菜	108
大米	13	豇豆	67	银耳	36	雪里蕻	230
标准粉	31	豌豆	195	木耳	247	苋菜(红)	178
猪肉(瘦)	6	榛子	104	虾皮	991	柠檬	101
牛肉(瘦)	9	杏仁	71	蚌肉	190	枣	80

2. 儿童钙剂的选择 受中国儿童饮食习惯的影响,除母乳喂养阶段以外,奶类摄入量通常不足,仅靠日常膳食很难满足对钙营养的需求,从其他途径补充钙以达到适宜的供给水平成为可考虑的选择。目前市面上的钙制剂品种繁多。2019年发布的《中国儿童钙营养专家共识》提到,给儿童补钙时应首选胃肠易吸收、安全性高、口感好、服用方便、含钙量适宜的钙制剂。还应关注婴幼儿(包括早产儿、低出生体重儿和营养性佝偻病患儿等)消化系统发育尚未成熟的生理特点,注意钙制剂的体外溶解性。需根据月龄/年龄选择儿童适宜的口服剂型,6岁及以下的学龄前儿童更适宜口服溶液剂型,如复方葡萄糖酸钙口服溶液等。

常用钙制剂元素含量、溶解度及相关特性如表2-2所示,表中的参数除含钙量比较稳定外,口感依具体产品而异。

表2-2 常用钙制剂特点

通用名	含钙量	溶解度	口感
葡萄糖酸钙(口服溶液)	9%	易溶于热水	微甜
乳酸钙(口服溶液)	13%	极易溶于热水	乳酸味
碳酸钙D_3(片剂/颗粒剂)	40%	难溶	无味、咸涩
碳酸钙(片剂/颗粒剂)	40%	难溶	无味、咸涩
醋酸钙(冲剂)	25%	极易溶于水	醋酸味

(二)儿童钙的参考摄入量

1. 正常儿童钙的推荐摄入量 儿童的钙的推荐摄入量会根据年龄、性别、遗传背景、饮食习惯、生活方式以及居住地区的环境等多种因素而有所不同。在婴儿1岁以内,钙的补充建议主要参考母乳中的钙含量;而1岁后,钙的补充建议则更多地依赖于钙代谢平衡的研究数据。根据我国国情,参照国外经验,由中国营养学会制定平均需要量(estimated average requirement,EAR)、推荐摄入量(recommended nutrient intake,RNI)或适宜摄入量(adequate intake,AI)、可耐受最高摄入量(tolerable upper intake level,UL)。中国营养学会推荐的钙每日摄入量详见表2-3。

表 2-3　中国儿童青少年钙推荐摄入量　　单位：mg/d

年龄	EAR	RNI	UL
0 岁~	–	200（AI）	1 000
0.5 岁~	–	250（AI）	1 500
1 岁~	400	600	1 500
4 岁~	500	800	2 000
7 岁~	650	1 000	2 000
9 岁~	850	1 000	2 000
15 岁~	800	1 000	2 000
18 岁~	650	800	2 000

注：EAR：估计平均需求量；RNI：推荐摄入量；UL：可耐受最高摄入量；– 未制定。
引自：中国营养学会.中国居民膳食营养素参考摄入量（2023版）.北京：人民卫生出版社，2023：195。

2. 特殊医学状况下的钙补充

（1）早产儿和低出生体重儿由于其特殊的生长需求和较低的母体钙储备，需要根据体重来计算钙的补充量，建议摄入量在 70~120mg/(kg·d)。同时，为了促进钙的吸收，还需要增加维生素 D 补充（早产、低出生体重儿生后即应补充维生素 D 800~1 000U/d，3 月龄后改为 400U/d），而磷的推荐摄入量则在 35~75mg/(kg·d)。可以通过使用母乳强化剂或早产儿配方奶粉来支持其生长和发育。

（2）对于患有营养性佝偻病的儿童，钙的补充量需要根据他们的年龄来确定。0~6 个月的婴儿，每日推荐的钙摄入量为 200mg/d；6~12 个月的婴儿为 260mg/d。当 12 个月以上的儿童每日钙摄入量低于 300mg/d 时，会导致其血清中 25-(OH)D 水平低下，增加罹患佝偻病的风险。12 个月以上的儿童，可根据钙摄入量分为三类：摄入量超过 500mg/d 被视为充足；300~500mg/d 表示摄入不足；低于 300mg/d 提示钙缺乏。因此，在治疗儿童佝偻病的过程中，除了强调补充维生素 D 外，还应该确保儿童每天摄入的钙量超过 500mg（包括通过饮食获得的钙），从而达到佝偻病的有效治疗目的。

七、儿童钙缺乏防治

(一)钙缺乏的预防

1. 提倡全母乳喂养,因为母乳是婴儿获取钙的最佳来源。只要母乳供应充足,就能提供婴儿所需的全部钙。如果由于某些原因母亲不能哺乳或母乳供应不足,通过合理选择配方奶粉也能确保婴儿获得足够的钙。早产儿、低体重儿或双胎/多胎婴儿,可能需要额外的钙补充,可以通过使用母乳强化剂、早产儿配方奶粉,或者增加维生素D和钙的补充剂来实现。

2. 在维生素D水平适宜的情况下,对于青春期前的儿童,每天摄入500ml的牛奶或等量的其他奶制品,基本上可以满足其对钙的日常需求。大豆制品、绿色蔬菜以及钙强化食品可作为钙的补充来源。

(二)钙缺乏的治疗

积极改善饮食结构,以提高日常饮食中的钙含量。识别并解决可能导致钙摄入不足的高风险因素和基础健康问题,并实施有效的防治措施。补充钙的量应根据食物中钙的摄入量来确定,以弥补食物摄入的不足。只有在饮食中无法获取足够的钙时,才考虑适量使用钙补充剂。如果儿童同时存在钙和维生素D的缺乏风险,应该同时补充这两种营养素。此外,儿童的钙缺乏通常与镁、磷,以及维生素A、C、K等营养素的缺乏有关。这些营养素之间存在相互作用,例如维生素K_2能够促进骨钙素的羧化,使其转化为活性形式,帮助血液中的钙进入骨骼。维生素K_2还参与骨蛋白的合成,与钙共同促进骨质形成,提高骨密度,降低骨折风险。因此,在补充钙的同时应注意补充其他相关微量营养素,并多晒太阳帮助钙的吸收,儿童每天应户外活动2~3小时。

(三)补钙注意事项

1. 根据儿童的膳食情况及临床症状来判断是否需要补钙以及补多少。对于需长期补钙者,以间歇补钙为佳,可采取服钙剂

2个月,停1个月,再重复使用。

2. 蛋白质和磷肽有助于提高钙的吸收效率,特别是酪蛋白水解产生的磷肽,它们能够防止钙离子与肠道中的阴离子(如磷酸根离子)结合产生沉淀,从而保持钙的溶解状态,这有利于钙的主动吸收。因此,在补充钙的同时,摄入蛋白质是有益的。

3. 钙剂不宜与食物或牛奶一同服用,因为某些食物中的植酸、草酸和鞣酸可与钙结合,形成不溶性的复合物,降低钙的吸收率。同样,如果膳食缺乏奶制品且富含高纤维,也可能影响钙的吸收。因此,钙剂应避免与含有植酸(如菠菜、空心菜等)、草酸、鞣酸或高纤维的食物同时食用。补钙的时间尽量在两餐之间,能够减少对胃肠道的刺激。若采用每天1次的用法,应睡前服用;若采取每天3~4次用法,应在饭后1.0~1.5小时服用,以减少食物对钙吸收的影响。钙和锌能否同补,目前研究结论不一致,建议先补锌后补钙,间隔2~3小时。

4. 在补充钙的同时,也应关注那些能够促进钙吸收和代谢的维生素,包括维生素A、D和K_2,以及铁和锌等微量营养素的补充。乳糖同样有助于提高钙的吸收率。

5. 长期保持足够的钙摄入量对于提高骨密度更为有效,这种方法比短期内大量补充钙剂效果更好。

八、儿童钙过量诊治

由于摄入过量的钙补充剂而引起高钙血症,是不常见的情况,通常与同时服用可吸收碱导致的乳碱综合征有关。其症状可能包括肌肉无力、便秘、大量排尿、恶心,严重时可导致意识模糊、昏迷甚至死亡。过量的钙摄入还可能干扰锌和铁的吸收,导致这两种微量元素的缺乏。严重过量摄入钙可引起高钙血症和高钙尿症,这可能导致肾结石、血管钙化,甚至引起肾功能衰竭等。

(一)钙过量诊断

1. 测定钙浓度

(1)血清总钙浓度超过2.70~2.85mmol/L(10.8~11.3mg/dl)为

高钙血症。根据血钙水平,高钙血症可分为轻度(2.7~3.0mmol/L)、中度(>3.0~3.4mmol/L)、重度(>3.4mmol/L)。需多次测定血浆中钙浓度,以排除血清总钙受血清白蛋白的干扰。

(2)测定血清总钙时应同时测定血清白蛋白,测定离子钙时应同时测血 pH 值,以便纠正所测结果。另外,在测离子钙时注意压脉带不宜压迫时间过长,否则可使血 pH 值发生改变而使血离子钙有假性升高。

2. 其他辅助检查 依据病史、症状,选做 B 超、X 线检查、核素扫描和 CT 检查。

3. 鉴别诊断 要和可引起高钙血症的有关疾病鉴别:①恶性肿瘤性高钙血症;②多发性骨髓瘤;③原发性甲状旁腺功能亢进;④结节病;⑤维生素 A 或 D 中毒;⑥甲状腺功能亢进;⑦继发性甲状旁腺功能亢进;⑧假性甲状旁腺功能亢进;⑨钙受体病等。

(二) 钙过量防治

明确高钙血症的原因对于制订治疗策略至关重要。无论高钙血症的病因如何,补充体液是治疗高钙血症的基础方法,补充的时机和量应根据病情的严重程度来决定。同时,针对引起高钙血症的原发疾病及血钙水平的升高程度来制订相应的治疗方案。

1. 对于严重高钙血症的患者,无论他们是否表现出临床症状,都需要立即采取有效措施来降低血液中的钙含量。治疗的基本原则包括增加体液容量、促进尿液中钙的排泄,以及减少骨骼中钙的吸收。

2. 一般治疗包括低钙饮食、增加饮水,同时还需注意避免制动。

3. 避免钙摄入过量的最佳途径是严格遵循医生的指导进行补充。充分认识到,虽然缺钙可能对健康有害,但过量补钙同样对身体没有益处。选择正规的食物来源作为钙的补充,通常不会导致钙摄入过量。

(欧 萍 李国波)

第二节 锌

锌(zinc)是一种金属元素,它的化学符号是 Zn,原子序数是 30,相对原子质量 65.39。熔点为 419.5℃。锌是第四位常见的金属,是人体必需的微量元素之一,在成人体内的锌总量平均为 1.5~2.5g,与铁接近,是仅次于铁的第二大类微量元素,是数百种酶的必需因子,也是一些转录因子的组成部分,在人体中具有重要的生物作用。

一、锌的理化性质

锌是一种浅灰色的金属,在室温下性质脆,100~150℃时变软,超过 200℃后变干。锌的化学性质活泼,易溶于酸。在现代工业中是相当重要的金属,用于钢铁、冶金、电气、化工、军事以及医药领域。

二、锌的吸收与代谢

锌在人体中是仅次于铁的第二大类微量元素,存在于所有的组织及体液当中,但大部分(60%)锌存在于骨和肌肉中,代谢缓慢。尽管体内的锌含量很高,但没有特定的储存场所。

锌可在整个小肠内被主动吸收,主要吸收部位为十二指肠和空肠,其次为回肠和大肠。通常情况下,锌的吸收率为 20%~40%,这可能受锌状态的影响,膳食中的植酸和纤维素可以和锌结合而抑制锌的吸收,膳食中的铁和镉也会抑制锌的吸收。消化过程中,膳食锌被释放,并与不同的配体(即氨基酸、磷酸盐、有机酸和组氨酸)形成复合物。锌 - 配体复合物随后通过主动和被动过程经肠黏膜吸收。一旦被吸收,门静脉循环会将锌运输至肝脏。

锌的吸收具有复杂的稳态控制过程,其受到金属硫蛋白的调控。金属硫蛋白是一种能与铜和其他二价阳离子结合的金属蛋白。在胰腺疾病或胰腺功能不全时,锌的吸收可能受到影响。胰酶对于膳食中锌的释放是必需的,而且胰液内可能含有锌的配体。锌与铜、铁共享一些吸收载体,这 3 种矿物质间可能存在竞争性吸收。循环中的锌的浓度为 70~120μg/dl,其中 60% 与白蛋白松散结合,30% 与 α_2- 巨球蛋白紧密结合。锌与白蛋白结合后被运输,随后被外周组织(尤其是骨骼和肌肉)和肝脏摄取;在肝脏中,锌可能以金属硫蛋白的形式储存。

锌主要经胃肠道排泄。最多达 10% 的循环锌经尿液排出,锌的尿排泄量通常为 0.5~0.8mg/d。每日大约有 0.5~1.0mg 的锌通过胆道分泌,并随粪便排出。锌的稳态可能由锌吸收率与内源性粪锌排泄的变化来共同维持。

三、锌的生理作用

(一) 酶催化功能

锌是人机体中 200 多种酶的组成部分或一些酶的激活剂,按功能划分的六大酶类(氧化还原酶类、转移酶类、水解酶类、裂解酶类、异构酶类和合成酶类),每一类中均有含锌酶。已经明确锌参与 18 种酶的合成,并可激活 80 余种酶。人体内重要的含锌酶有碳酸酐酶、胰羧肽酶、DNA 聚合酶、醛脱氢酶、谷氨酸脱氢酶、苹果酸脱氢酶、乳酸脱氢酶、碱性磷酸酶、丙酮酸氧化酶等。

(二) 结构稳定功能

锌是 DNA 聚合酶的必需组成部分,参与调节基因表达,即 DNA 复制、翻译和转录。此外,锌在细胞分裂和细胞凋亡中也均有重要作用。锌可以与某些氨基酸(尤其是组氨酸和半胱氨酸)紧密结合,当结合 4 个氨基酸(四配位基构型)时,能起到维持蛋白质结构(如 β 折叠)的作用,并能维持核稳定性和组蛋白结构。锌作为酶的构成成分,在稳定酶结构的同时,还通过核细胞膜的含氮配基结合,稳定细胞质膜,维护正常的细胞膜转运、屏障以及受体结合等功能。

(三) 促进机体的生长发育和组织再生

与 DNA 相互作用形成的锌指蛋白证明锌直接参与基因表达调控,参与 2 000 余种转录因子功能,在多种蛋白质的代谢活动中发挥作用。补锌可能通过增强 RNA 聚合酶的活性,增加蛋白质的合成来促进儿童生长。锌为合成胶原蛋白所必需,可加速创伤愈合。因此,对于正处于生长发育旺盛期的婴儿、儿童和青少年,以及组织创伤的患儿,锌是更加重要的营养素。锌促进成骨细胞产生 IGF-I(胰岛素样生长因子)、TGF-β(转化生长因子),加强 IGF-I 对骨代谢的刺激作用。IGF-I 促进前成骨细胞分化增殖和骨基质胶原蛋白合成,抑制破骨细胞形成和胶原蛋白分解。同时,锌还促进成骨细胞骨钙素的产生。骨钙素可能参与钙代谢的调节,在骨组织中促进钙化作用,有利于骨基质的成熟。锌在激素调节中起着重要作用,参与生长激素(GH)的合成与分泌,可促使小肠钙结合蛋白的合成,使骨中的骨碱性磷酸酶活性增高,骨胶原酶活性增加,刺激骨骼生长和钙化。

(四) 促进食欲

唾液蛋白是一种味觉素,锌可能通过参加构成唾液蛋白对味觉及食欲起到促进作用。锌元素也是口腔黏膜上皮细胞结构、功能及代谢的重要影响因素,缺锌引起口腔黏膜增长及角化不全、易于脱落,大量脱落的上皮细胞能掩盖和阻塞舌乳头中的味蕾小孔,导致味蕾功能降低,影响食欲。同时缺锌影响舌味蕾细胞的更新和唾液磷酸酶的活性,致使舌味蕾敏锐度减弱。

(五) 促进性器官和性功能的正常

锌与脑垂体功能的关系尤为重要,对维持丘脑-垂体-性腺轴的协调起着不可忽视的作用。锌缺乏可抑制脑垂体促性腺激素释放,使性腺发育不良或性腺的生殖和内分泌功能障碍。锌元素大量存在于男性睾丸中,参与精子生成、成熟和获能的全过程,维持男性正常的生精功能。有实验发现缺锌大鼠前列腺和精囊发育不全,精子减少,给锌后可使之恢复。人体缺锌可发生性成熟推迟、性器官发育不全、性功能降低、精子减少、第二性征发育不全、月经不正常或停止等,如及时给锌治疗,这些症状可能好转或消失。

(六) 促进维生素 A 代谢

锌为视黄醛酶的成分,该酶促进维生素 A 合成和转化为视紫红质。维生素 A 平时储存在肝脏中,当人体需要时,维生素 A 将输送到血液中,这个过程是靠锌来完成"动员"工作的。锌缺乏使碳酸酐酶活性降低,致房水产生抑制,使晶状体、角膜等失去营养。同时,锌缺乏使诸酶活性降低,造成晶状体内山梨醇不易通过膜渗出,使晶状体处于高渗状态,过多的水分进入晶状体,导致晶状体纤维肿胀变凸,增加近视的风险。

(七) 神经调节功能

锌在脑神经元发生、成熟、迁移、突出、形成过程中起着重要的作用,对于维持正常的神经发育和功能至关重要。锌是胱氨酸脱羧酶的抑制剂,也是脑细胞中含量最高的微量元素,它可以提高脑神经兴奋性,使思维敏捷。锌离子在脑内存在区域性分布差异,海马区是学习记忆活动的重要核团,海马结构的苔藓纤维中含有丰富的锌,是中枢神经系统内锌的最高分布区之一。锌可促进脑核酸及蛋白合成,缺锌可使大脑皮质发育停滞,并可从多个环节影响智力发育。

(八) 参加免疫功能过程、抗感染

锌元素是胸腺发育的营养素之一,只有锌含量充足才能有效保证胸腺发育,促进淋巴细胞有丝分裂、增强 T 细胞的功能,增加补体和免疫球蛋白等。锌是很多免疫递质发挥正常活性所必需的微量元素,与复制和转录密切相关的酶(如 DNA、RNA 聚合酶,胸腺激酶等)都是锌依赖酶,对淋巴细胞的增殖和成熟起重要作用。锌具有抗感染的潜在作用,一般认为锌对感染性疾病有预防和辅助治疗作用,但这并非锌的药理作用。锌对维持上皮细胞和组织的完整性有重要作用,并有可能增加肠道分泌型 IgA 的分泌以及肠黏膜刷状缘酶水平,减少液体分泌,抑制细菌对肠黏膜的附着。国外有研究认为锌在蛋白及 RNA 水平显著地抑制志贺毒素表达。缺锌时皮肤、肠道及呼吸道黏膜等处的上皮细胞易受损害,导致人体对外界感染的抵抗能力明显下降。

（九）参与糖代谢

锌是糖分解代谢中 3-磷酸甘油脱氢酶、乳酸脱氢酶和苹果酸脱氢酶的辅助因子,直接参与糖的氧化供能反应。锌主要分布在胰岛 β 细胞的分裂颗粒中,促使胰岛素的结晶化。胰岛素的分子结构中有 4 个锌原子,结晶的胰岛素中大约 0.5% 的成分是锌。锌与胰岛素的合成、分泌、贮存、降解、生物活性及抗原性有关。锌可以通过激活羧化酶促使胰岛素原转变为胰岛素,并提高胰岛素的稳定性。Sprietsma 等认为锌不但可以维持胰岛素的活性,其本身又具有胰岛素样作用,在锌足够的情况下,机体对胰岛素的需求减少。锌可以纠正糖耐量异常,甚至可以代替胰岛素改善糖尿病大鼠糖代谢紊乱,此外,锌可以加速伤口或溃疡的愈合,减少糖尿病的并发症。同时,锌作为超氧化物歧化酶的活性成分对保护胰岛 β 细胞起着至关重要的作用。

四、锌与疾病

锌缺乏会影响锌金属蛋白参与的所有过程,导致不同的结局。严重程度取决于缺乏的程度、持续时间以及患儿的年龄和性别。患儿可能会出现如厌食、味觉丧失(味觉障碍)、嗅觉改变(嗅觉障碍)等症状,并可能发生腹泻,增加锌的损失,同时导致缺乏增加的恶性循环。严重缺乏时可能导致以下结局:①出现皮疹;②肝脏中维生素 A 的释放减少,增加夜盲症患病风险;③细胞更易受到 DNA 和细胞膜的氧化损伤;④免疫系统受损,促进感染的发展(例如,烧伤的患儿继发感染肺炎)。此外,锌缺乏也会导致性腺功能低下,降低血浆睾丸激素浓度,影响生育能力(表 2-4)。

（一）锌与营养不良

锌在体内不能合成,必须通过饮食调节予以补充,当供给不足或比例失衡时,可直接影响儿童的正常生长发育。锌的缺乏常与营养不良并存,同时可并发相应的缺乏症状。营养不良患儿常伴有锌含量过低。缺锌还影响味蕾细胞更新、舌黏膜增生,导致食欲缺乏、味觉减退、厌食、异食、腹泻等,从而加重营养不良(图 2-4)。

表 2-4　锌缺乏与受损系统

受损系统	结局
皮肤	皮疹、脱发、溃疡不愈、伤口愈合延迟
消化系统	味觉不良、腹泻
中枢神经系统	认知功能受损、记忆障碍
免疫系统	反复感染
骨骼	生长不良
生殖系统及其他	性腺功能减退、低出生体重、先天性异常

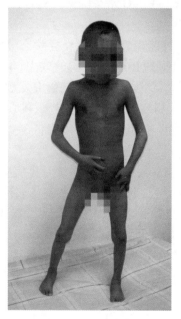

图 2-4　营养不良

(二) 锌与感染性疾病

锌缺乏时，上皮细胞（包括皮肤、肠道和呼吸道等）易受损害，使人体对外界感染的抵抗能力明显下降。锌缺乏也使淋巴细胞增殖和发育受到影响，严重时可导致胸腺萎缩，外周血和脾脏中 T、B

第二章　矿物质与儿童健康

淋巴细胞显著减少,致使细胞免疫和体液免疫功能下降,使儿童易患腹泻和肺炎等疾病。

1. 反复呼吸道感染 缺锌易导致受损的呼吸道黏膜难以修复,降低机体对外界感染的抵抗力,从而使病原体尤其是鼻病毒易定植在呼吸道黏膜并不断进行复制,引起上呼吸道感染。当体内的锌充足时,锌离子可通过与鼻病毒表面结合,抑制鼻病毒与细胞黏附分子(ICAM-1)的结合剂复制。补锌可以辅助治疗反复上呼吸道感染,阻止病毒衣壳蛋白的形成,抑制病毒复制,还可稳定细胞膜,抑制组胺的释放和前列腺素的消耗。

研究表明,反复呼吸道感染的患儿血清锌含量明显低于健康儿童,且伴有血清 IgA、IgG 水平降低。补锌治疗后能明显降低反复呼吸道感染的发病率。

2. 肺炎 补锌能减轻一定的炎症状态,降低炎症阶段的肺部损害,同时可以提高 β-内酰胺酶的效力,早期清除细菌,使锌的生物利用度增大,加强免疫应答。研究发现,锌离子可通过拮抗锰离子与抗肺炎链球菌表面黏附素 A(PsaA)的结合而抑制肺炎链球菌的致病性。因此,补锌可以降低肺炎的发生,促进肺炎的恢复。

3. 腹泻 儿童腹泻属于消化系统常见疾病,是多种因素引起的,以大便次数增加、性状改变为主要临床表现的疾病。一方面,腹泻时患儿极易出现脱水、水电解质紊乱,造成胃肠道丢失锌增多,引起血锌水平的降低;另一方面,腹泻又可造成患儿食欲降低,营养摄入不良,肠黏膜吸收功能受损,导致锌离子吸收障碍。补锌能加速肠黏膜再生,增加刷状缘酶水平,增强机体细胞免疫和体液免疫功能,提高肠黏膜的抗病能力。锌是人体多种酶的组成成分,急性腹泻出现肠道功能障碍时,适当补充锌制剂能够增加肠道酶活性,有助于提高肠道抗病毒和抗感染的能力,改善腹泻症状。

WHO/UNICEF 在《腹泻治疗指南》中推荐儿童腹泻常规补锌,补锌治疗可缩短腹泻病程,改善腹泻严重程度。2016 年《中国儿童急性感染性腹泻病临床实践指南》也建议腹泻儿童补锌,认为补锌可改善腹泻预后,减少复发率。对有腹泻风险的患儿,应尽早预防性补锌,补锌剂量可根据儿童膳食营养素参考摄入量(dietary reference intake,DRI)和个体锌营养状况确定。

（三）痤疮

锌可以稳定生物膜,抑制肥大细胞组胺的释放,改变痤疮的炎性过程。青春期儿童的锌需求量变大,从而造成机体内绝对或相对缺锌。锌缺乏可导致血清中维生素 A 的含量降低,致使组织中维生素 A 不足,影响上皮正常分化,同时干扰依赖锌合成雄激素的酶系统,加重痤疮表现。

（四）口腔黏膜疾病

1. 口腔溃疡　是一种常见的多发性口腔黏膜疾病,可发生于口腔黏膜的任何部位,以唇、颊、舌部多见,严重者可累及咽部黏膜。其病因复杂,常在机体免疫力低下、持续感染、长期腹泻或口腔卫生状况不佳导致细菌繁殖等情况下发生,可能与血清中的微量元素缺乏以及身体免疫功能失调有关,所以临床研究中把缺锌作为主要的口腔溃疡诱因之一。

2. 地图舌　典型临床表现为丝状乳头萎缩形成微凹区,伴周围黄白条带状边缘,病损形态和位置多变,是一种浅表性非感染性舌部炎症,又称游走性舌炎。病理表现为非特异性炎症,病因尚不明确,目前尚无确切有效的治疗手段。有研究表明地图舌发病与血锌水平降低有一定的关系。每天合理补充微量元素锌(如葡萄糖酸锌等),对儿童地图舌有一定的预防和治疗作用。

（五）糖尿病

糖尿病是由于胰岛素分泌缺陷和/或胰岛素作用缺陷导致的一组以慢性血糖水平增高为特征的代谢性疾病。多项锌与糖尿病的相关性研究表明,锌在糖尿病的发生、发展、预防、治疗方面起着重要作用。缺锌的胰岛素易变性失效,锌缺乏可以导致胰岛素抵抗或糖尿病发生。有文献指出糖尿病患儿普遍缺锌,一些糖尿病并发症或合并症也与细胞锌或锌依赖抗氧化物酶活性的降低有关,因此,给糖尿病患儿补充锌剂是必要的。

(六) 克罗恩病

活动期患儿多数会出现血浆锌浓度降低。一些皮炎病例有类似肠病性肢端皮炎的脱发和湿疹样改变，锌治疗有效。也有报道克罗恩病患儿出现性腺功能减退、生长迟滞和味觉异常。研究显示，克罗恩病患儿的锌吸收明显减少，而内生性粪便锌排泄和尿液锌排泄无改变。这使得克罗恩病患儿的锌平衡更差。目前尚不清楚这种情况的远期后果以及克罗恩病患儿的最佳补锌水平。

(七) 肠病性肢端皮炎

肠病性肢端皮炎是一种隐性遗传性疾病，患者肠道对锌吸收存在部分缺陷。该病是染色体 8q24.3 上 *SLC39A4* 基因突变的结果，该基因编码的蛋白可能参与了锌的转运。受累婴儿发生红斑样和水疱大疱样皮炎、脱发、眼部疾病、腹泻、严重生长迟滞、性成熟延迟、神经精神症状和频繁感染。该综合征与重度锌缺乏相关，口服补充锌对其有效。婴儿囊性纤维化是锌缺乏导致的皮炎的特征性表现。这种皮炎类似于肠病性肢端皮炎，但可能分布更广，而且仅补充锌可能无效。

(八) 镰状细胞病

罹患镰状细胞病的儿童和青少年可发生锌水平降低，尤其会伴有生长不良或延迟。该人群中的锌缺乏可能反映了肾小管功能缺陷导致的尿锌排泄增加，也可能反映了慢性溶血或吸收功能受损，而与饮食摄入不足无关。与血浆锌水平正常的儿童相比，这些儿童的身高、体重均显著减少，年龄较大儿童还出现性成熟延迟。

(九) 异食癖

缺锌的儿童常有食土、纸张、墙皮及其他嗜异物的现象，补锌后症状好转。

(十) 眼病

眼是含锌最多的器官，而脉络膜及视网膜又是眼中含锌量最多的组织，因此眼对锌的缺乏十分敏感，锌缺乏会造成夜盲症，严重时会造成角膜炎。另外，锌在轴浆运输中起作用，对维持视盘及神经的功能是不可缺少的。锌缺乏时神经轴突功能降低，从而引起视神经疾病和视神经萎缩。

(十一)性器官发育不良

血液中睾酮的浓度与血锌、发锌呈线性相关。锌缺乏可导致性器官发育不良。

五、锌的检测与营养状况评价

可以通过测量血浆、红细胞、中性粒细胞、淋巴细胞以及毛发中的锌含量来评估锌的状况。血浆锌的测量方法简单,许多实验室都可以很方便地开展这项检查。低血浆锌浓度通常被定义为测量值低于60μg/dl。血浆中大部分锌与白蛋白结合,因此低白蛋白血症患者的锌测量值通常会降低。

一些研究者认为,血浆锌检测的敏感性相对较差,即使血浆锌水平正常,也可能存在轻度的锌缺乏。检测中性粒细胞或淋巴细胞中的锌水平可能更为敏感。锌缺乏的标准为:淋巴细胞中锌浓度低下($<50\mu g/10^{10}$个细胞),或粒细胞中锌浓度低下($<42\mu g/10^{10}$个细胞)。如果受试者的血清碱性磷酸酶低于相应年龄组的正常水平,则可为锌缺乏提供支持性证据。

六、锌的来源与膳食参考摄入量

锌的主要膳食来源是动物性制品,如肉类、海产品以及配方奶。从植物性产品中获得的锌绝大多数来自即食谷物产品(如即食麦圈)。典型的混合膳食中有充足的膳食锌来源,但乳蛋素食主义者需要摄入更多的奶、蛋、谷类、豆类、坚果和种子类食物,才能获得充足的锌。牛、猪、羊肉中锌含量为20~60mg/kg,蛋类为13~25mg/kg,牛奶及奶制品为15~20mg/kg,鱼及其他海产品约为15mg/kg,常见食物锌含量见表2-5。

锌口服摄入量通常约为4~14mg/d。中国居民膳食指南的推荐见表2-6。

表 2-5 常见食物锌含量

食物	量	锌含量
牡蛎	84g	80mg
肝	100g	6.1mg
牛肉饼	100g	4.9mg
干鹰嘴豆	150g	3mg
南瓜子	28g	2.2mg
干贝	85g	1.32mg
鸡肉	100g	1.0mg
脱脂奶	240g	0.9mg
全蛋	50g	0.5mg
大米	124g	0.4mg

表 2-6 中国居民膳食锌的推荐摄入量(RNI)或适宜摄入量(AL)(mg/d)

年龄	EAR	RNI	UL
0 岁~	—	2.0*	—
0.5 岁~	—	3.5	—
1 岁~	3.2	4.0	9
4 岁~	4.6	5.5	13
7 岁~	5.9	7.0	21
9 岁~	5.9	7.0	24
12 岁~	7.0(男)/6.3(女)	10(男)/9.0(女)	32
15 岁~	9.7(男)/6.5(女)	11.5(男)/8.5(女)	37

注：ERA：估计平均需求量；RNI：推荐摄入量；UL：可耐受最高摄入量；—：未制定；*：AI 值。

引自：中国营养学会. 中国居民膳食营养素参考摄入量(2023 版). 北京：人民卫生出版社，2023.

七、锌缺乏的防治

在资源有限的国家,把肉和肝脏作为婴儿的第一口辅食可以作为预防锌缺乏的重要措施。两项针对母乳喂养健康婴儿的研究对这种方法进行了探索。研究中 4~7 个月的婴儿被随机分配接受强化谷物食品或牛肉作为第一口辅食。这两种膳食都提供了估计需要量的锌和铁,两组婴儿在耐受性、接受度及血清锌水平方面均无差异。适时地添加肉类或肝脏可以为锌和铁缺乏提供一个实用的解决方案。

对于摄入不足导致的锌缺乏,常用的口服补充剂量为 1~2mg/(kg·d)锌元素。该补充剂量也适用于存在易引起锌缺乏的基础疾病的患儿,如克罗恩病、囊性纤维化、肝病或镰状细胞病患儿。有一点需要注意,若短期补充剂量超过了锌的可耐受最高摄入量(UL),也是可以接受的,UL 值是针对锌的长期摄入而言。

对于肠病性肢端皮炎患儿,则需给予更高的补充剂量以克服肠道锌吸收不足。推荐锌元素的补充剂量为每日 3mg/kg,每 3~6 个月检测 1 次锌水平,并根据需要调整剂量。

WHO 推荐对资源有限国家的腹泻儿童补锌方案:≤6 个月的婴儿锌补充量为 10mg/d,较大的婴儿和儿童剂量为 20mg/d,持续 14 日。

儿童呼吸道感染及肺炎补锌剂量及方法可参照腹泻补充剂量。

补锌治疗痤疮方案:可使用葡萄糖酸锌口服液,口服元素锌 15mg/d,补充 3 个月。

补锌治疗应口服给药,宜选用易溶于水、易于吸收、口感好、成本较低的药物,如葡萄糖酸锌口服液等。常用补锌药物见表 2-7。

表 2-7 常用补锌药物的比较

	含锌化合物	锌吸收利用率	不良反应
无机锌	硫酸锌、氯化锌、硝酸锌等	低,约 7%	胃肠道反应大
有机锌	葡萄糖酸锌、甘草锌、醋酸锌、柠檬酸锌、乳酸锌等	高,约 14%	胃肠道反应小,但有一定副作用
生物锌	富锌酵母等	好,约 30%	对人体刺激小

研究显示,对于有潜在锌缺乏风险的年龄较大的儿童,补锌对其生长最多仅有轻度作用。在婴儿中,补锌可能对生长有负面影响,尤其是当锌与其他微量营养素不平衡时。对于没有锌缺乏的个体,锌补充对促进生长并没有额外益处,即锌不具备促进生长的药理作用。

八、锌过量的诊治

补锌几乎不会出现毒性反应。摄入高达每日推荐摄入量的 10 倍也不会产生症状。锌可以抑制肠道对铜的吸收,因此,长期摄入高剂量的锌可能会造成铜缺乏。基于对该问题的担忧,美国食品与营养委员会制定了锌的可耐受最高摄入量(tolerable upper intake level,UL),该剂量从 4mg/d(小龄婴儿)到 40mg/d(成人)不等。有一点需要注意,此 UL 是针对锌的长期摄入而言的,短期可使用更高剂量的锌来治疗锌缺乏或腹泻。

急性摄入 1~2g 的硫酸锌会引起恶心和呕吐,伴消化道刺激和腐蚀。大剂量的锌化合物还可引起肾小管坏死或间质性肾炎,从而导致急性肾衰竭。

锌中毒的处理方法主要是支持性治疗,严重者可使用依地酸钙钠进行螯合治疗。

(吴康敏 霍亭竹)

第三节 磷

磷(phosphorus,P)是一种非金属元素,原子序数15,原子量30.97。在元素周期表中处于第三周期、第ⅤA族。磷是1669年由德国Brand医生从干馏尿残渣获得并命名。在地壳所含元素中磷含量居前十位,在人体除了氧、碳、氢、氮等有机元素外,仅次于钙,排列第六位。成人体内磷含量约为650g,占体重的1%左右。

一、磷的理化性质

磷有几种同素异形体,其中白磷也称黄磷,是无色或淡黄色透明结晶固体,白磷几乎不溶于水,但易溶于二硫化碳,因易自燃,故一般需保存在水中,暗处可见其发光,有剧毒;红磷是红棕色粉末,无毒,在自然界中,磷是生命体的重要元素,以磷酸盐的形式存在于细胞、蛋白质、骨骼和牙齿中。红磷是制造火柴、烟火及磷化合物的原料,还可用于灭鼠药等。

二、磷的吸收与代谢

膳食磷的主要功能是构建组织,维持组织生长,补充经排泄和皮肤损失的磷。磷的代谢过程与钙相似,体内磷平衡取决于机体内外环境之间磷的交换,即磷的摄入、吸收和排泄之间的相对平衡。

(一)体内分布

人体85%以上的磷存在于骨骼和牙齿中,其余10%~15%与蛋白质、脂肪、糖及其他有机物结合,分布在生物膜、骨骼肌、皮肤、神经组织和体液中。一般来说,不同组织的含磷量不尽相同,富含蛋白质的组织含磷量高。除了含RNA较多的特定细胞和含高髓磷脂的神经组织外,组织中磷的含量大约为0.25~0.65mmol/g (7.8~20.1mg/g蛋白质)。

骨骼中的磷主要为无机磷酸盐,在生物膜和软组织中的磷大部分以有机磷酸酯形式、少部分以磷蛋白和磷脂等形式存在。血液中的磷以有机磷和无机磷两种形式存在,红细胞中主要含有机磷酸酯,血浆中磷 3/4 为有机磷,1/4 为无机磷。无机磷主要以磷酸盐形式存在,构成血液的缓冲系统。

(二)磷的吸收

人体每天摄入的磷约 1~1.5g,主要是有机磷酸酯和磷脂等,这些磷酸酯在消化道经酶促分解形成酸性无机磷酸盐后才被吸收。磷的吸收部位在小肠,以十二指肠和空肠为主,分为主动吸收和被动吸收两种形式。研究显示,在混合膳食中,成人的总磷的净吸收率为 55%~70%,婴儿和儿童为 65%~90%,而低磷膳食时,吸收率可增至 90%。母乳中磷的吸收效率最高(85%~90%),其次是牛奶(72%),含有植酸的大豆配方乳较低。

(三)增加磷吸收的因素

1. 机体需要量和摄入量 当机体对磷需要量增高和摄入量减少时,$1\alpha,25-(OH)_2D_3$ 可使磷吸收率提高,其机制可能是改变小肠黏膜细胞膜磷脂组成,增加通透性,从而促进小肠对磷的吸收。

2. 年龄 机体处在活跃的生长发育期时,磷转运效率大于成年期,婴儿以母乳喂养时,吸收率可达 85%~90%。

(四)抑制磷吸收的因素

1. 膳食中磷的形式 膳食中磷的存在形式可影响磷吸收,例如植酸磷存在于谷胚中,由于人体肠黏膜缺乏植酸酶,只有在一些结肠细菌和食物中含有的植酸酶作用下,才能使植酸磷被机体所利用。

2. 膳食中阳离子 磷吸收率还受同时经食物摄入的钙、铁、铝等阳离子的影响,这些阳离子可与磷形成不溶的磷酸盐。

3. 药物 摄入含铝的解酸剂和药用剂量的碳酸钙均会减少磷的吸收。

(五)磷的排泄

内源性磷主要通过肾脏排泄。正常情况下,人体通过肾脏排出的磷约占总排出量的70%；经粪便排出的磷约占30%，其主要形式是磷酸钙。血清中无机磷酸盐通过肾小球过滤，其中80%~90%被过滤的磷在近曲小管被重吸收，因此尿磷排出量取决于它在肾小球的滤过率和肾小管对磷的重吸收。肾小管对磷的重吸收与对Na^+的重吸收并行，当Na^+重吸收减少、尿钠排泄增加时，尿磷排泄也增加。

(六) 磷的调节

磷代谢受以下因素调节。

1. 磷摄入量 磷排出量随磷摄入量增加而增加，正常成人磷摄入量与排出量基本相等。

2. 胃肠道和肾脏功能 胃肠道功能降低影响磷摄入量，肾脏功能异常直接影响肾小球滤出磷的效率和肾小管对磷的重吸收。

3. 激素水平 降钙素(CT)可降低肠磷吸收，增加尿磷排出而降低血磷水平。甲状旁腺素(PTH)可抑制肾近曲小管对磷的重吸收，增加尿磷排泄，从而降低血磷水平。

4. 活性维生素D 可改变小肠黏膜细胞游离面膜的磷脂组成，加强膜通透性，从而增加磷的吸收，促进肾近曲小管细胞对磷的重吸收，总效应使血磷增高。

5. 其他 血液磷浓度、血液酸碱度也影响肾脏对磷的排泄。

三、磷的生理作用

磷(P)在人体中具有重要生理功能，大部分以磷酸钙的形式沉积于骨骼中，是构成骨骼和牙齿的重要组成部分，只有少部分的磷存在于体液中。

(一) 构成骨骼和牙齿的重要原料

人体中几乎99%的钙和85%以上的磷均存在于骨骼和牙齿中，主要以羟磷灰石$[Ca_{10}(PO_4)_6(OH)_2]$的形式存在，少量为无定形的磷酸钙$[Ca_3(PO_4)_2]$。

(二) 参与能量代谢

磷直接参与能量的储存和释放，产能营养素在体内氧化时所释放出的能量以高能磷酸键的形式储存于三磷酸腺苷和磷酸肌酸的分子中。当人体需要能量时,高能有机磷酸释放出能量,游离出磷酸根;磷参与多种酶系的辅酶或辅基组成,如硫胺素焦磷酸酯(TPP)、黄素腺嘌呤二核苷酸(FAD)、烟酰胺腺嘌呤二核苷酸(NAD^+,NADH)、烟酰胺腺嘌呤二核苷酸磷酸($NADP^+$,NADPH),这些物质构成能量代谢和生物氧化体系中的重要环节。

(三)参与糖、脂代谢

无论在糖的有氧氧化、无氧酵解、磷酸戊糖通路或脂肪氧化、脂肪合成、卵磷脂和脑磷脂代谢中都离不开含磷化合物,如 6-磷酸葡萄糖、6-磷酸果糖、1,6-二磷酸果糖、3-磷酸甘油醛、α-磷酸甘油、磷酸羟基丙酮、磷酸胆碱等。

(四)维持生物膜正常结构

几乎所有类型的磷脂在生物膜中均有发现,各种细胞生物膜不仅结构相似,且化学组成也大致相同,主要由糖蛋白和脂类(甘油磷脂、鞘磷脂)组成,甘油磷脂中以磷脂酰胆碱、磷脂酰乙醇胺、磷脂酰丝氨酸含量最高,鞘磷脂中以神经鞘磷脂为主。具有亲水端和疏水端的磷脂分子在水溶液中可形成具有空间结构的脂质双层,使细胞和各细胞器具有一个相对稳定的内环境,与周围环境进行物质运输、能量交换、信息传递等基本代谢活动。

(五)构成遗传物质的重要成分

由嘌呤碱或嘧啶碱、核糖或脱氧核糖以及磷酸三种物质组成的化合物称为核苷酸,磷酸是构成脱氧核糖核酸(DNA)和核苷酸(RNA)的重要原料,它们是通过 3′,5′-磷酸二酯键连接而成。核苷酸随着核酸分布于生物体内各器官、组织、细胞核及胞质中,并作为核酸的组成成分参与生物的遗传、发育、生长等基本生命活动。

(六)调节体内酸碱平衡

人体细胞内液和外液间的阴、阳离子相等,保持内环境和渗透压稳定,体内钠、钾等阳离子和碳酸、磷酸、蛋白质等阴离子构成体液缓冲系统并维持体内酸碱平衡,以保证人体新陈代谢正常进行,比如血浆内有 $NaHCO_3/NaH_2CO_3$、蛋白质钠盐/蛋白质和

Na_2HPO_4/NaH_2PO_4 三个主要的缓冲对,以维持血液 pH 值在正常范围内。

四、磷与疾病

食物中有丰富的磷,故磷缺乏较为少见。磷摄入或吸收不足均会导致低磷血症,引起红细胞、白细胞、血小板的异常以及软骨病。如因疾病或过多地摄入磷,将导致高磷血症,使血液中血钙降低,引起骨质疏松。

（一）肾性骨病

肾性骨病(renal osteopathy)泛指继发于肾脏疾病的代谢性骨病,是慢性肾脏病晚期与血液透析患者的重要并发症。肾性骨病也称肾性骨营养不良(ROD),即慢性肾脏病矿物质和骨代谢紊乱(CKD-MBD),是慢性肾衰竭(CRF)时由于钙、磷及维生素 D 代谢障碍,继发甲状旁腺机能亢进,酸碱平衡紊乱等因素而引起的骨病,严重影响患者的生活质量。

（二）遗传性低磷血症性佝偻病

遗传性低磷血症性佝偻病(genetic hypophosphatemic rickets, GHR)又称为低血磷性抗维生素 D 佝偻病、家族性低磷血症(familial hypophosphatemia)或肾性低血磷性佝偻病,是低血磷性佝偻病较为常见的类型。该病是由肾小管遗传性缺陷引起的全身性慢性疾病,由于肾小管缺陷,肾脏排出磷过多引起钙、磷代谢紊乱。主要临床表现为骨矿化障碍,可造成佝偻病。遗传方式是 X 连锁显性遗传,对一般生理剂量的维生素 D 无反应,故又称抗维生素 D 佝偻病。

2018 年 5 月 11 日,国家卫生健康委员会等五部门联合制定了《第一批罕见病目录》,低磷性佝偻病被收录其中。

最新遗传研究表明,家族性低磷血症常见的类型为 X 连锁遗传(XLH, OMIM 307800),多由于 *PHEX* 基因突变引起,是低磷血症性佝偻病最常见的类型,患病率约为 1/20 000。1937 年由 Albright 等首次报道。患儿多在开始走路、骨骼逐渐负重后才被发现,如果不能及早、正确治疗,将导致骨骼残疾及生长障碍,严重损害患者及其家庭的生活质量。如果及早诊治,则预后良好。

1. **临床表现** 患儿临床表现多样,常在出生后不久即出现低磷血症,女性患儿一般多于男性患儿,于幼儿期开始走路、骨骼逐渐负重后被发现。主要表现为身材矮小,上下部量比例异常,骨骼畸形(方颅、颅骨软化、胸廓畸形、脊柱侧弯、下肢短、下肢畸形等),步态不稳或步态摇晃,骨痛及活动受限。

2. **治疗**

(1)疾病管理原则:儿童治疗目标是纠正和改善佝偻病或骨软化症,放射学异常和骨骼畸形,改善生长和身体活动能力,减轻相关骨、关节痛。

(2)磷酸盐和骨化三醇治疗:传统疗法为磷酸盐联合骨化三醇,治疗越早效果越好。对于有X连锁显性遗传性低磷血症性佝偻病家族史(父母任一方为患者)而又没有进行产前诊断者,出生后应尽早行钙磷代谢检测,一旦确诊,应尽早治疗,以避免骨骼肌肉损害。

药物及用法用量:元素磷剂量 20~60mg/(kg·d),在临床反应不足的情况下可逐渐增加剂量,但不超过 80mg/(kg·d),以防止胃肠不适和继发性甲状旁腺功能亢进。若 ALP 升高,每天分 4~6 次口服,当 ALP 正常后,可减少到每天 3~4 次。年龄越小,需要量越大,整个儿童期都必须口服。骨化三醇 20~30ng/(kg·d) 或阿法骨化醇 30~50ng/(kg·d),分 2~3 次口服,最大剂量为 1.5μg/d。或者根据经验开始治疗,对于>12 月龄的患儿,每天使用 0.5μg 骨化三醇或 1μg 阿法骨化醇,后根据临床和生化情况进行调整。

(3)监测和随访:每 3 个月测量身长或身高,评估下肢弯曲程度,检测血清钙、磷、ALP、PTH、肾功能和尿钙等骨代谢指标。5 岁及以下儿童检测随机尿的尿钙(mg)/肌酐(mg)比值(>0.35 为高尿钙),5 岁以上儿童可检测 24 小时尿钙(>5mg/kg 为高钙尿症)。开始治疗后每年应进行肾脏超声检查,观察有无肾钙质沉着,待病情稳定后,可每 3 年进行 1 次肾脏超声检查。每 2 年进行 1 次股骨远端和胫骨近端的 X 线检查,观察干骺端有无增宽及磨损变形,以评价骨骼对治疗的反应,评估外科矫正手术的最佳时机。

(4)副作用及处理:最常见的治疗误区是希望将血磷纠正到正常范围,但这在儿童期很难达到。当血磷接近正常范围时,患儿服用的磷剂量可能过多,容易导致甲状旁腺功能亢进,可通过增加骨化三醇的剂量或减少磷剂量纠正。出现高钙血症或高钙尿症时,需减少骨化三醇剂量。

五、磷的检测与营养状况评价

一般情况下,新生儿和儿童的血清磷水平较高,血磷浓度随年龄而降低。不同年龄者血清无机磷正常值见表2-8。

表2-8 不同年龄者血清无机磷正常值(mmol/L)

年龄/岁	平均值	第2.5百分位数	第97.5百分位数
0~0.5	2.15	1.88	2.42
2~	1.81	1.43	2.20
4~	1.77	1.38	2.15
6~	1.72	1.33	2.11
8~	1.67	1.29	2.06
10~	1.63	1.24	2.01
12~	1.58	1.19	1.97
14~	1.53	1.15	1.92
16~	1.49	1.10	1.88

引自:杨月欣,王光亚,潘兴昌.中国食物成分表.北京:北京大学医学出版社,2002。

六、磷的来源与膳食参考摄入量

(一)磷的来源

磷在食物中分布很广,动物性食物和植物性食物中都含有丰富的磷。磷常与蛋白质并存，瘦肉、蛋、奶、动物肝、肾中磷含量丰富，海带、紫菜、芝麻酱、花生、干豆类、坚果、粗粮含磷也较丰富。粗粮中的磷为植酸磷，吸收利用率较低。表2-9为常见食物的磷含量，以供选用。

表2-9 常见食物的磷含量(mg/100g)

食物	磷含量	食物	磷含量	食物	磷含量	食物	磷含量
标准粉	188	猪肉（瘦）	189	牛乳	73	紫菜	350
籼米	112	猪肾	215	鸡蛋	130	银耳	369
玉米（黄）	218	猪肝	310	虾皮	582	鲜蚕豆	200
花生（炒）	326	牛肉（瘦）	172	鲫鱼	193	胡萝卜	16
葵花籽（炒）	564	羊肉（瘦）	196	香菇（干）	258	大白菜	31
黄豆	465	鸡	156	黑木耳	292	土豆	40
豆腐	119	鸭	122	橙	22	菠菜	47
甘薯[红心]	39	核桃	294	蜜橘	18	西红柿	2

引自：中国营养学会．中国居民膳食营养素参考摄入量(2023版)．北京：人民卫生出版社，2023．

(二)膳食参考摄入量

成人可根据血清无机磷水平与磷吸收量之间的关系，结合磷吸收率来推算磷摄入量，但在婴儿、儿童和青少年，很难确定与血清无机磷正常值相关联的磷摄入量的适宜值。

2023版《中国居民膳食营养素参考摄入量》可供参考(表2-10)。

表 2-10 膳食磷参考摄入量(mg/d)

年龄	EAR	RNI	UL
0 岁~	—	100*	—
0.5 岁~	—	180*	—
1 岁~	250	300	—
4 岁~	290	350	—
7 岁~	370	440	—
9 岁~	460	550	—
12 岁~	580	700	—
15 岁~	600	720	—

注：EAR：估计平均需求量；RNI：推荐摄入量；UL：可耐受最高摄入量；—：未制定；*：AI 值。

引自：中国营养学会.中国居民膳食营养素参考摄入量(2023 版).北京：人民卫生出版社，2023。

七、磷缺乏的防治

(一) 原因

许多食物含磷丰富，故磷缺乏较为少见，只有在以下特殊情况下才会出现。

1. 早产儿 仅母乳喂养的早产儿，因人乳含磷量较低，不足以满足骨磷沉积的需要，可出现佝偻病样骨骼异常，早产儿可因胃肠功能低下摄入磷少，维生素 D 不足，肠道磷吸收障碍，导致尿磷排出多，而出现低磷血症，长时间补钙、输注高营养物质的早产儿，因葡萄糖可增加细胞对磷酸盐的摄取，导致低磷酸盐血症。在足月儿中，由单纯饮食原因引起的严重低磷酸盐血症几乎不存在。

2. 疾病状态 据报道，在婴儿严重营养不良，尤其伴随严重腹泻时，可出现磷缺乏。低磷酸盐血症与低钾血症及肌无力有关。另外，长期静脉高营养的患者以及遗传性低磷血症性佝偻病(抗维生素 D 佝偻病)患者易发生低磷血症。

(二) 临床表现

低磷血症主要引起 ATP 合成不足和红细胞内 2,3- 二磷酸甘油酯(2,3-DPG)减少,导致组织缺氧。初始可无症状,随后出现畏食、贫血、全身乏力,重者可有肌无力、鸭态步、骨痛、佝偻病、病理性骨折、易激动、感觉异常、精神错乱、抽搐、昏迷,甚至死亡。这些严重症状常在血清无机磷水平降至 0.32mmol(10.0mg)/L 以下时才会出现。

(三) 磷缺乏的预防

人体内一般不会由于膳食原因引起营养性磷缺乏,只有在一些特殊情况下才会出现。正常情况下,可通过饮食均衡增加磷摄入量,补充维生素 D,促进磷吸收。

(四) 磷缺乏的治疗

磷酸盐缺乏通常不是紧急情况。当诊断为磷酸盐缺乏症时,如未存在肾钙化病或肾结石伴尿磷酸盐丢失,应首先尝试通过口服乳制品或磷酸盐治疗。在严重缺乏时,也可以在 24 小时内分次静脉内注入磷酸盐。在接受肠胃外营养的患者中,每 1 000kcal 应给予 10~25mmol 磷酸钾,并应注意避免高磷酸盐血症,以防引起软组织钙化。双嘧达莫(300mg,每天分 4 次给药)已被证明可以降低肾磷酸盐阈值低的患者尿中磷酸盐的排泄。

八、磷过量的诊治

(一) 原因

一般情况下,磷过量不会因膳食原因引起,多是由于肾对磷酸盐的排泄功能降低所致。在以下情况时,可能发生磷过量。

1. 肾功能减低 当肾小球滤过率下降到大约 20~50ml/min 时,磷滤过量明显减少,血浆甲状旁腺素浓度明显增高,血磷升高。当肾小球滤过率下降到 10ml/min 以下时,磷滤过量大大减少,血磷显著升高,可导致高磷血症。另外,钙、磷及维生素 D 代谢障碍或继发甲状旁腺功能亢进时也可导致高磷血症。

2. 含磷制剂过多使用 当大量口服、灌肠或静脉注射含磷酸盐的制剂,超过肾脏的排泄能力时,细胞外液磷浓度增高。

3. 含磷食品添加剂过量使用 日常饮食中,磷的摄入70%~80%来自食物自身的磷,20%~30%来自含磷食品添加剂。含磷食品添加剂常用于罐头、果汁饮料、奶制品、西式火腿、肉、鱼等,用以保持食品新鲜和弹韧性等。目前有关磷过量使用问题已经开始引起人们重视。

(二)高磷血症危害

大多数高磷血症患者没有症状。

如伴发低钙血症,可出现低血钙症状如手足搐搦。高磷摄入时会降低钙的吸收。牛奶的钙/磷(125∶99)比母乳的(33∶15)高,由于其中磷含量过高,造成牛奶中大量的钙不易被吸收,常使婴儿便秘。

(三)磷过量诊断

血浆磷酸盐浓度>4.5mg/dl(1.46mmol/L)为高磷血症。

(四)磷过量防治

磷过量通常在肾脏疾病或钙调节障碍(详见本章第一节)的情况下出现。《改善全球预后组织(KDIGO):肾脏疾病》中管理高磷血症指南建议,透析患者的磷酸盐水平需要降低至正常范围;但没有给出具体的目标水平。对于未接受透析的慢性肾脏病患者,血清磷酸盐水平需要维持在正常范围内,即低于4.5mg/dl(1.45mmol/L)。

1. 营养管理 旨在提供与年龄段相适应的钙摄入量和控制磷的摄入量;其中钙的总摄入量应为年龄钙每日推荐摄入量的100%~200%。磷酸盐的摄入量与蛋白质的摄入量有关,应当在避免营养不良的前提下保证蛋白质的摄入并且限制磷酸盐来源(例如动物、植物、添加剂)。

2. 非营养管理 除了限制磷酸盐的摄入及透析强化外,在保持与年龄相符的钙循环的前提下,还可以使用钙基和非钙/非铝基磷酸盐结合剂。在儿童中无需使用铝结合剂。

(朱晓华)

第四节 镁

镁（Mg）是一种金属元素，原子序数为 12，平均相对原子质量为 24.305。镁是人体必需的元素之一，参与细胞内酶的功能活动，是重要的辅酶。镁不仅在机体代谢中起着关键作用，而且在心肌收缩和传导、神经化学传递、骨骼肌兴奋，以及维持正常钙、钾和钠浓度也起着重要作用。

一、镁的理化性质

镁是银白色，轻质且有延展性，熔点为 650℃，沸点为 1 090℃，不溶于水、碱液，溶于酸。镁在自然界分布广泛，主要以固体矿和液体矿的形式存在。质地软、轻、有光泽，熔点较低，暴露在空气中易失电子而被氧化，表面会生成一层很薄的氧化膜，使空气很难与它反应。

镁的化学性质活泼，可以直接与空气中的氧气反应产生大量的热，能与热水反应放出氢气。粉末或带状的镁燃烧时能产生炫目的白光。金属镁能与大多数非金属和几乎所有的酸化合。

二、镁的吸收与代谢

人体内镁 60%~65% 存在于骨骼、牙齿，27% 分布于软组织。膳食中促进镁吸收的成分主要有氨基酸、乳糖等；抑制镁吸收的成分主要有过多的磷、草酸、植酸和膳食纤维等。

从膳食中摄入的镁主要通过胆汁、胰液和肠液分泌到肠道，小肠对镁的吸收是主动转运过程，其中回肠是主要吸收部位。此外，消化液中也含有较多的镁，这些镁也可通过消化液的吸收被回收。

60%~70% 的镁随粪便排出，部分镁通过汗液和脱落的皮肤细胞丢失，其余从尿中排出。长期丢失消化液（如消化道造瘘）也会造成镁的缺失。

三、镁的生理作用

镁离子参与糖酵解、脂肪酸氧化、蛋白质合成、核酸代谢。在人体骨组织中,镁的含量仅次于钙、磷,是骨细胞的重要成分。

人体内一系列复杂的生化反应维持着生命活动,这些生化反应需要无数酶剂起催化作用。科学研究发现,镁元素可激活325个酶系统。镁元素与维生素 B_1 和维生素 B_6 一起参与人体内的多种酶的活动。因此,镁也被称为生命活动的激活剂。

镁在人体内比钙和磷少得多,镁缺乏会造成肌肉震颤、腹泻等病症,乃至出现抽动、惊厥或心律不齐等情况。

四、镁与儿童保健

镁是骨骼的构成成分之一,对促进骨骼生长和维持骨骼的正常功能有重要作用,因此镁元素对正处于生长发育中的儿童非常重要。镁在骨骼的生长发育中起间接调控作用,它通过影响甲状旁腺激素的合成与分泌,调节钙在骨骼内外的活动,影响骨组织代谢。缺镁最常见的表现为骨骼过早老化、骨质疏松、软组织钙化。缺镁的儿童常出现骨骼发育迟缓、异常或骨密度下降等不良症状,严重者会导致膝外翻或膝内翻等骨骼畸形后遗症。

儿童镁偏高一般是食用过多含镁量较高的食物所导致,如紫菜、玉米、香蕉、大豆等。肾功能不良时可能会导致镁排泄障碍,引起镁偏高。

儿童缺镁会导致腹泻,伴随表情冷漠、肌肉无力等表现。缺镁时应服用镁盐药品。日常饮食中应注意搭配富含镁的食物,如麦子、小米、豆类、燕麦片、肉类等。

镁是保持儿童身体健康的重要的营养元素之一,它能够作用于全部体细胞并维持其稳定。镁可以影响几乎所有关键的人体功能,如心率、造骨、调节血糖等。此外,镁还能够使皮肤维持更好的状态。

幼儿体内镁含量虽很少,但其对机体作用相当大。在维护儿童中枢神经系统的结构功能,抑制神经肌肉的兴奋性,保障心肌正常收缩和冠状动脉的弹性,调节酶的活性,保证细胞内钾离子数量等方面,镁都起着十分重要的作用。

血镁降到 1.5mg/dl 以下时,幼儿会出现与低钙血症表现相似的低镁血症。只有日常重视钙的补充,使钙镁达到平衡,才能确保两种矿物质都能够合理利用。钙与镁的比例应为 2:1,即每天如果摄入 800mg 的钙,就应该同时摄入 400mg 的镁。镁的摄入量偏少时,会造成慢性镁缺乏,导致肌肉震颤、抽搐、眩晕等。镁与钙质相辅相成,能够有效地预防和改善骨质疏松,巩固骨骼和牙齿。

五、镁的检测与营养状况评价

镁是人体必不可少的营养元素,参与机体许多生理化学过程。镁是多种酶的激活剂,如碱性磷酸酶、酸性磷酸酶、磷酸变位酶、焦磷酸酶、肌酸激酶、己糖激酶、亮氨酸氨基肽酶和羧化酶等。镁是组成 DNA、RNA 及核糖体大分子结构所必需的元素,也参与维持正常神经和肌肉功能。

镁的检测可以采取分光光度法。原子吸收分光光度利用镁在 285.2nm 波长处有强烈的发射光谱或吸收线,使其容易分离,适宜测定体液中镁的浓度,是广泛使用的镁测定的参考方法。直接分光光度法的准确度及精密度可达到临床要求,适宜自动分析,在临床实验室中被广泛使用。

六、镁的来源与参考摄入量

蔬菜中的绿叶菜、茄子、慈姑、西红柿、胡萝卜、黄花菜等;水果中的苹果、梨、桃子、大樱桃、葡萄、柠檬、杨桃、橘子等;粮食中的糙米、大麦、小麦、荞麦、小米、新鲜玉米、高粱等;豆类中的黄豆、豌豆、蚕豆、白扁豆、赤小豆、青豆等;海产品中的紫菜、海带、海参、墨鱼、鲑鱼、沙丁鱼、贝类,以及干果中的核桃仁、松子、榛子、西瓜子等都属于高镁食品(表 2-11)。

表 2-11 镁的膳食参考摄入量　　单位：mg/d

年龄	RNI	EAR	UI
0 岁~	20*	—	—
0.5 岁~	65*	—	—
1 岁~	140	110	—
4 岁~	160	130	—
7 岁~	200	170	—
9 岁~	250	210	—
12 岁~	320	260	—
15~17 岁	330	270	—

注：EAR：估计平均需求量；RNI：推荐摄入量；UL：可耐受最高摄入量；—：未制定；*：AI 值。

引自：中国营养学会．中国居民膳食营养素参考摄入量（2023 版）．北京：人民卫生出版社，2023．

七、儿童镁缺乏的防治

儿童挑食容易导致营养失调，特别容易出现镁的缺乏，会对健康造成一定的影响。儿童期可以采取饮食调节的办法补充镁，防止镁的缺乏。

1. 多吃含镁高的食物均衡饮食　儿童的饮食一定要营养均衡，纠正挑食、偏食。不要因为儿童不喜欢吃哪一样饭菜就不再提供，否则长期这样会让儿童身体内缺乏某种元素，影响身体发育。

缺镁的儿童平时可以多吃些含镁量高的食物，补充体内镁的含量，这样做的好处是不必服用药物，很适合儿童。

2. 调节饮食平衡　有些缺镁的儿童出现了很严重的状况，家长就会急于让儿童不断摄入含镁量高的食物，这样也不科学。补镁的同时也要重视补钙，一味单一地补充一种微量元素也会对身体造成伤害，合理、科学地提供均衡的饮食才是正确的方法。

3. 钙镁片补充　如果通过检查确定镁缺乏，可以口服钙镁片补充。害怕吃药、打针的儿童都可以通过这种药片进行补镁,并兼顾补钙。按照儿童的年龄每天吃规定的量即可,可以很好地帮助儿童补充足够的镁元素。

八、镁过量诊治

血清镁浓度>2mmol/L 时,会出现镁过量的症状和体征。主要表现有疲倦、乏力、腱反射消失和血压下降等。血清镁进一步增高可导致心脏传导功能发生障碍,心电图显示 PR 间期延长,QRS 波增宽,T 波升高,与高钾血症的心电图变化相似。晚期可出现呼吸抑制、嗜睡和昏迷,甚至心搏骤停。

钙和镁之间有显著拮抗作用,可先从静脉输注 10% 葡萄糖酸钙 10~20ml 或 10% 氯化钙 5~10ml,以对抗镁对心脏和肌肉的抑制,同时积极纠正酸中毒和缺水。如血清镁仍无下降或症状不减轻,应及早采用腹膜透析或血液透析。

(吴文献　黄 哲)

第五节　铁

铁(Fe)是一种金属元素,原子序数为 26,平均相对原子质量为 55.845。铁是许多蛋白质合成和维持其功能的重要元素,对高能量需求的细胞至关重要。它参与体内氧的运送和组织吸收过程,维持正常的造血功能,是最常见的容易单一缺乏的营养素之一。

一、铁的理化性质

纯铁呈白色或银白色,有金属光泽,柔韧而延展性较好,熔点

1 538℃、沸点 2 750℃,能溶于强酸和中强酸,不溶于水。铁有 0 价、+2 价、+3 价、+4 价、+5 价和 +6 价,其中 +2 价和 +3 价较常见,+4 价、+5 价和 +6 价少见。

铁的分布较广,是地球上最丰富的元素之一,占地壳含量的 4.75%,仅次于氧、硅、铝,位居地壳含量第四。铁是一种很容易接受电子参与氧化还原反应的元素,在几乎所有的生物中都起到了至关重要的作用。在人体中,+2 价的亚铁离子是血红蛋白的重要组成成分,参与氧气的运输。

二、铁的吸收与代谢

(一) 铁的吸收

肠道铁吸收是维持体内铁水平在最佳生理范围内的关键过程。饮食中的铁以多种形式存在,膳食铁主要分为血红素铁及非血红素铁。其中血红素铁的含量最高,而食物中的非血红素铁必须先被溶解、游离,还原为二价铁才能被吸收。

人类无法主动排泄铁,必须通过近端小肠的铁吸收部位调节其浓度,因此小肠是铁吸收的主要部位。饮食中同时含有血红素铁和非血红素(无机)铁,每种形式都有特定的转运蛋白。例如血红素铁的转运由肠血红素转铁蛋白(haem iron transporter,HCP1)介导,HCP1 直接将肠腔中的血红素铁转运进入肠黏膜上皮细胞,在血红素氧化酶的作用下,血红素卟啉环打开,释放出二价铁。非血红素铁从肠腔到肠细胞的转运是由二价金属离子转运蛋白 1 (divalent metal iron transporter,DMT1) 介导的。DMT1 仅运输二价铁,因此三价铁必须首先通过肠细胞刷状边界的铁还原酶、十二指肠细胞色素 b(duodenal cytochrome b,DCYTB)、抗坏血酸等还原为二价铁。一旦进入肠上皮细胞,未直接转移到循环系统中的铁便会以铁蛋白的形式存储,当机体需要铁的时候,铁从铁蛋白中释出,再与转铁蛋白的 $β_1$ 球蛋白结合,随血液循环去往需要铁的组织。失去铁的脱铁铁蛋白又与新吸收的铁结合。铁由转铁蛋白和铁氧化酶介导,穿过基底外侧膜进入血液。转铁蛋白还介导了其他细胞(包括巨噬细胞)的铁输出。铁缺乏和缺氧会刺激DMT1、DCYTB和转铁蛋白的十二指肠表达,从而增加铁的吸收。当肠黏膜细胞中铁蛋白量逐渐达到饱和时,机体对铁的吸收减少。在红细胞的代谢中,衰老的红细胞主要被脾脏中的巨噬细胞分解,释放的铁返回到循环中,与转铁蛋白结合。转铁蛋白与骨髓中类红细胞前体上的特定转铁蛋白受体(TfRs)结合,当新的红细胞在接下来的 7~10 天进入循环系统时,铁循环就完成了。铁的吸收受系统和局部影响的复杂网络控制。铁吸收调节的紊乱是人类铁负荷和铁缺乏症的原因。

(二)铁的代谢

目前没有已知的从人体中去除铁的调节机制,出汗和皮肤细胞脱落可导致铁的丢失,胃肠道也会丢失部分铁,丢失速率约为1mg/d。女性会因为月经额外丢失 1~2mg/d 的铁。巨噬细胞分解衰老红细胞可释放 20~25mg/d 的铁。被吞噬的红细胞释放的血红蛋白血红素经微粒体血红素加氧酶分解为胆绿素和一氧化碳,产生的铁根据机体需要及铁调素的局部浓度被膜转铁蛋白释放入血液循环或贮存在铁蛋白中。在健康的成年人中,网状内皮巨噬细胞可以从衰老的红细胞中回收铁,从而满足人体大部分日常铁需求。

三、铁的生理作用

铁的生理作用来源于它的反应性,即二价铁与三价铁之间的转换能力。这种转换是自由基的产生来源。铁是组成血红蛋白的原料,也是肌红蛋白、细胞色素 P450、过氧化物酶、过氧化氢酶的组成部分。一名成年男性体内含铁总量为 3~4g,其中约 75% 以血红蛋白的形式存在,20%~30% 以贮存蛋白的形式存在,如铁蛋白和含铁血黄素。铁在体内氧和二氧化碳转运、交换以及组织呼吸、生物氧化过程中起着重要作用。

不足 1% 的铁以铁金属酶的形式存在,这些铁在酪氨酸、多巴胺、5-羟色胺和去甲肾上腺素的合成中起着关键作用。一些酶还需要铁作为其辅因子,包括磷酸烯醇丙酮酸羧激酶、核苷酸还原酶和顺乌头酸酶。

四、铁与疾病

铁缺乏是指全身铁含量不足以维持正常生理功能的一种状态，也被定义为血清铁蛋白降低。5岁以下儿童血清铁蛋白浓度<12μg/L，>5岁儿童血清铁蛋白浓度<15μg/L，可诊断为铁缺乏。

铁缺乏常常没有症状或存在未被识别的非特异性症状，仅通过实验室检查发现贫血表现或血清铁蛋白浓度降低而加以识别。铁缺乏会导致铁限制性红细胞生成，最终发展为缺铁性贫血。症状主要由贫血引起，临床常见虚弱、头痛、易激惹、晕厥以及不同程度的乏力和运动不耐受。重度贫血的婴幼儿会出现嗜睡、苍白、心脏扩大、喂养困难和呼吸过速等。

未引起贫血的缺铁也可能引起部分患者出现临床表现，比如乏力、不宁腿综合征，对认知、精力产生影响。

（一）神经发育

婴幼儿缺铁性贫血会损伤神经系统的发育，如视觉和听觉处理速度减慢。研究发现，即使补充铁剂，有些发育指标（包括认知分数，记忆评估分数，语言及数学的能力评分等）的改变仍会持续存在，严重或慢性的缺铁性贫血婴幼儿的神经系统发育的结局可能会更差。补铁也可以调节婴幼儿一些其他神经系统疾病，包括屏气发作、不宁腿综合征和周期性肢体运动障碍等。

（二）热性惊厥

热性惊厥或与铁缺乏或缺铁性贫血存在关联，但不一定有因果关系。发生过热性惊厥的儿童的血清铁蛋白显著低于单纯发热的患儿，因此有热性惊厥病史的儿童有必要筛查有无铁缺乏，如有，应予以及时补充。

（三）免疫和感染

补铁与白细胞和淋巴细胞功能的轻-中度受损相关，包括IL-2和IL-6生成减少。但补铁可能反而会增加某些类型感染的风险。铁缺乏可能会增加细菌感染的风险,因为转铁蛋白和乳铁蛋白这两种铁结合蛋白具有抑菌作用,但当这两者达到铁饱和状态时,则会丧失该作用。

(四) 运动耐力

中重度缺铁性贫血的患儿运动能力下降,部分原因在于铁是驱动有氧代谢的一种必要辅因子,即使尚未贫血,储备铁减少也可能导致运动能力下降。

(五) 异食癖和食冰癖

异食癖指对非食物物品产生强烈的食欲。缺铁可以引起多种类型的异食癖,包括黏土、灰尘、岩石、淀粉、粉笔、肥皂、纸、硬纸板或生米。嗜冰癖在缺铁中尤其常见,具有相当的特异性。表现可能见于不贫血儿童,且铁剂治疗可迅速起效,常在血红蛋白浓度增加之前即起效。

(六) 不宁腿综合征

不宁腿综合征是一种常见的睡眠相关运动障碍,特点是常在静止时,尤其是晚上出现令人不快或不适的动腿冲动,运动可暂时缓解。该综合征与铁储备过低相关,补铁常可见效。

五、铁的检测与营养状况评价

人体中的正常铁含量为 3~4g,以下述形式存在:循环中红细胞和发育中有核红细胞内的血红蛋白约 2.0~2.5g;含铁蛋白(如肌红蛋白、细胞色素、过氧化氢酶)约 300~400mg;血浆中与转铁蛋白结合的铁约 3~7mg,其余是以铁蛋白或含铁血黄素存在的储存铁。成年男性中约有 1g 的储存铁(主要在肝脏、脾脏和骨髓)。成年女性中的储存铁较少,具体取决于月经量、妊娠、分娩、哺乳和铁摄取。人体每日仅有少量的铁摄取和排泄。大部分铁是来自网状内皮系统的巨噬细胞分解衰老红细胞后对铁的循环利用。基本上所有循环中的铁是与转铁蛋白结合的。

(一) 转铁蛋白

血浆转铁蛋白(transferrin,Tf),是铁离子在血浆中运输的主要转运蛋白。Tf 大多数在肝脏中合成,缺铁时合成会显著增加。采用 ELISA 或比浊法可测定血浆中的 Tf,以确定每分升血浆有多少毫克的 Tf。Tf 的总铁结合力(total iron binding capacity,TIBC)可通过铁结合法直接测定,即每分升血浆中的铁结合力,也可以将化学法或免疫法所得结果乘以各实验室的换算系数来计算。TIBC=Tf×(1.4~1.49)。

(二) 转铁蛋白饱和度

循环中 Tf 与铁结合的饱和度通常约为 1/3,即 Fe/TIBC=1/3。一些疾病情况可能导致转铁蛋白饱和度(transferrin saturation,TSAT)的升高或降低。

(三) 铁蛋白

铁蛋白(ferritin,Ft)是细胞的铁储存蛋白。铁蛋白也是一种急性期反应物,其与转铁蛋白和转铁蛋白受体都属于协调细胞防御抗氧化应激和炎症的蛋白家族成员。当代谢需要时,大多数储存在铁蛋白中的铁可供使用。临床上在血浆中检测到的铁蛋白通常是脱铁铁蛋白,是一种不含铁的分子。血浆中铁蛋白的水平通常可反映总体铁储量,1ng/ml 的铁蛋白表明总铁储量约为 10mg。因此,血清铁蛋白低于 10~15ng/ml 诊断铁缺乏的特异度为 99%。如果没有感染和炎症,血清铁蛋白升高可能提示铁过载状态。在噬血细胞性淋巴组织细胞增生症或某些风湿性疾病患者中,铁蛋白水平可能极高。这种情况下,铁蛋白的糖基化水平通常低于正常值。

六、铁的来源与膳食参考摄入量

(一) 铁的来源

在正常的生理条件下,铁只能通过两种方式大量进入人体:在胎儿期通过胎盘传输,在出生后通过小肠壁吸收。出生后即刻的铁摄入非常有限,在此期间,婴儿非常依赖在妊娠最后几周中积累的母体来源的铁。但是,这种铁在生命的最初几个月中被迅速利用,此后,饮食就成为人体必需微量元素的主要来源。普通婴儿出生时的铁含量约为270mg,而在成年人体内,铁的含量约为3~4g。在健康成人中,每日只有≤5%的铁元素需要从膳食中补充,以平衡从胃肠道丢失的铁,而其余95%的铁元素则来源于网状内皮系统中巨噬细胞吞噬衰老红细胞后的再利用。婴儿和儿童生长和体重(肌肉量)增长迅速,对铁元素的需求旺盛,这些额外的铁必须来自肠道铁的吸收,每日必须从膳食中获取30%的铁元素。

膳食铁主要有2种存在形式。血红素铁存在于肉类、家禽和鱼类中,通常构成了组织铁总量的40%。血红素铁吸收良好,相对不易受人体基础铁状态的影响。非血红素铁通常见于蔬菜、水果和铁强化食品。随着体内铁的减少,非血红素铁的吸收会增加。在西方的膳食中,强化铁的食品更普遍。铁的常见食物来源见表2-12。

表2-12 铁的常见食物来源　　单位:mg/100g

名称	含量
稻米	2.4
标准粉	4.2
小米	4.7
大豆	11.0
芝麻酱	58.0
豆腐干	7.9
绿豆	3.2
豇豆	7.6
玉米	1.6
黑木耳	185.0
猪肉(瘦)	30.4
猪肝	25.0
猪血	15.0
鸡肝	8.2

续表

名称	含量
鸡蛋	2.7
蛋黄	7.0
虾	69.8
海带	150.0
芹菜(茎)	8.5
小油菜	7.0
大白菜	4.4
菠菜	2.5
干红枣	1.6
葡萄干	3.8
核桃仁	3.5
杏仁	3.9
桂圆	44.0

肠道对铁的吸收取决于摄入铁元素的形式，以及同期摄入的其他食物。血红素的膳食来源与非血红素的膳食来源相比，前者的铁元素生物利用度更高(约30% vs. 10%)。其他膳食成分也可影响铁的吸收。维生素C可增强谷类、面包、水果和蔬菜中非血红素铁的吸收。反之，鞣酸盐(茶)、富含磷酸盐的麸皮食物和植酸盐(植物纤维，特别是种子和谷物)则会抑制铁的吸收。

(二) 推荐摄入量

铁的推荐膳食摄入量(recommended dietary allowance, RDA)取决于已吸收铁的需要量、膳食铁吸收比例和预计铁丢失量(如通过月经丢失)。在婴儿和儿童的生长过程中，很大一部分铁需求量源自血红蛋白量和组织铁增加(表2-13)。

表 2-13　铁的参考摄入量（mg/d）

年龄	EAR	RNI	UL
0 岁~	—	0.3*	—
0.5 岁~	7	10	—
1 岁~	7	10	25
4 岁~	7	10	30
7 岁~	9	12	35
9 岁~	12	16	35
12 岁~	12（男）/14（女）	16（男）/18（女）	40
15 岁~	12（男）/114（女）	16（男）/18（女）	40

注：EAR：估计平均需求量；RNI：推荐摄入量；UL：可耐受最高摄入量；—：未制定；*：AI 值。

引自：中国营养学会. 中国居民膳食营养素参考摄入量（2023 版）. 北京：人民卫生出版社，2023.

由于只有部分膳食铁可被吸收，因此膳食铁的需要量远高于已吸收铁的净需要量，后者取决于食物中铁的生物利用度。例如，母乳的铁含量仅为 0.3~1.0mg/L，但其生物利用度很高（50%）。相反，强化铁配方奶的铁含量通常是 12mg/L，但其生物利用度很低（4%~6%）。

七、铁缺乏的防治

（一）铁缺乏的预防

除按照上述的推荐摄入量摄入适量的铁元素外，也应通过额外补充铁剂达到推荐剂量。母乳喂养的婴儿应在如下年龄段补充相应剂量的其他来源的铁（辅食或铁补充剂）。足月儿建议在生后 4 个月开始补充铁剂（元素铁每日 1mg/kg，最多 15mg）。坚持补充铁剂直到婴儿能够摄入足够富含铁的辅食，例如婴儿强化铁米粉。早产儿建议在出生后 2 周开始补充铁剂（元素铁每日 2~4mg/kg，最多 15mg）。出生后第 1 年，应通过铁剂或强化配方奶持续每日补铁≥2mg/kg。鼓励对 4~6 月龄以内的婴儿进行纯母乳喂养。对于足月儿和早产儿,若有 1/2 以上的营养来自母乳,则应分别从 4 月龄和 2 周龄开始补充铁剂,直到其能从辅食或配方奶中获取足够的铁。

6 月龄时鼓励每日喂养 1 次富含维生素 C 的食物以增强铁的吸收,例如柑橘、哈密瓜、草莓、西红柿和深绿色蔬菜。6 月龄以后可考虑添加肉泥。肉类中的血红素铁比非血红素铁生物利用度高,也会促进后者的吸收。对于所有 12 月龄以下的婴儿,应避免喂食未经改良的(非配方)牛奶或羊奶。

《儿童健康检查服务技术规范》建议定期检测血红蛋白或血常规:6~9 月龄时检查 1 次,1~6 岁期间每年检查 1 次。建议对所有 6~24 月龄的婴儿常规筛查缺铁性贫血,包括在儿童保健门诊开展常规临床风险评估以及至少 1 次实验室检查。在 4~36 月龄期间,每次儿保就诊时都要简要评估铁缺乏的危险因素,3 岁后每年评估 1 次。其危险因素包括:①有早产或低出生体重病史,或应用促红细胞生成素治疗早产儿贫血。② 12 月龄以前喂养"低铁"配方奶、非配方牛奶、羊奶或豆奶;6 月龄后每日摄入富含铁的食物不足,如强化铁米粉不足 30g。③ 12 月龄后每日奶摄入量超过 600ml,每日摄入富含铁的食物不足,如强化铁麦片不足 50g。

(二) 铁缺乏的治疗

1. 若根据病史和初步实验室检查推测儿童可能存在缺铁性贫血,建议尝试经验性口服补铁治疗并结合膳食调整(以上两种干预措施不建议单独给予),口服铁剂宜选用血红素铁制剂,吸收效果更佳。

(1) 口服补铁治疗初始,建议给予元素铁 3mg/kg,1 次 /d,不建议给予更大的剂量。3mg/kg 的铁元素通常是有效的,且大多数儿童都可耐受。为了促进吸收,应在餐前 30~45 分钟或餐后 2 小时给予铁剂,避免与食物或奶同服,仅与果汁或水同服。铁剂最好是二价铁。

(2) 为了预防复发,应达到以下膳食目标。

1）对于不足 12 月龄的婴儿,应以母乳或铁强化配方奶喂养。如果没有证据表明婴儿患有牛奶蛋白诱导性结肠炎,则可给予以牛奶为基础的配方奶。不应给予婴儿低铁配方奶或普通牛奶。

2）对于 6 月龄及以上的婴儿,尤其是母乳喂养的婴儿,应确保从辅食中充分摄入铁。这些辅食包括铁强化婴儿米粉、富含维生素 C 的食物及肉泥。

3）对于 12 月龄以上的儿童,每日牛奶摄入量应限制在 600ml 以下,并且应停止奶瓶喂养以限制牛奶摄入量。牛奶摄入过多是这个年龄段儿童发生缺铁性贫血的主要原因,可伴有隐匿性肠道失血。

2. 开始补铁治疗后,应进行随访检查以确定疗效,包括全血细胞计数或血红蛋白水平检测。这些检查应在儿童健康时进行,轻度贫血患儿应在开始补铁治疗后约 4 周时进行,中~重度贫血患儿应在开始补铁治疗后 1~2 周进行。随访对确认贫血是否由铁缺乏导致及确保贫血得到充分治疗至关重要。若血红蛋白已升高 1g/dl,则应继续治疗,并在治疗 3 个月时复查全血细胞计数,以确保血红蛋白和其他参数达到相应年龄的正常范围。血红蛋白水平达到相应年龄的正常范围后,应继续口服补铁治疗至少 2 个月,以确保补足铁储备。在停止补铁治疗之前,也可通过测定血清铁蛋白浓度来检查铁储备。

3. 如果开始补铁治疗后 4 周内疗效不充分,则应进一步评估。可能导致复发性或难治性缺铁性贫血的病因包括治疗无效（依从性差或用法用量不正确）、误诊、持续性失血或吸收不良。需要了解以下方面。

（1）与患儿父母面谈,以明确是否按时、按量补铁,是否进行了适当的膳食调整,以及是否有任何严重的并发疾病(可能造成血红蛋白暂时性降低)。治疗失败的最常见原因是未准确遵循治疗计划。

（2）如果患儿的确服用了适当剂量的铁剂,且没有并发疾病,则需进一步的实验室检查以排除可能与缺铁性贫血类似或与缺铁性贫血并发的疾病,如轻型地中海贫血或慢性病性贫血。此外,应采集几次粪便样本进行隐血检查。若结果为阳性,则应进一步筛查是否存在胃肠道失血的常见病因,包括针对婴儿的牛奶蛋白诱导性结肠炎,以及针对年龄较大儿童的乳糜泻和炎症性肠病。

4. 静脉铁剂使用。存在下列情况的重度或持续性贫血患儿可能需要接受静脉补铁治疗:证实不耐受口服补铁治疗、吸收不良,或予以家庭教育和支持后仍不依从口服补铁治疗。目前有几种安全性良好的静脉补铁治疗可供使用,如蔗糖铁、右旋糖酐铁等。具体选择哪种可能取决于它们的价格、可获得性、给药所需时间,以及每次输注的最大允许剂量。

5. 输血。对于某些重度缺铁性贫血(Hb<5g/dl)患儿,若有严重应激的临床证据(心率>160 次/min、呼吸频率>30 次/min、嗜睡和/或喂养欠佳),则适合行输血治疗。这些有症状的患儿有发生严重短期并发症(如心力衰竭或脑卒中)和死亡的风险,可通过谨慎输血来预防。这种情况下应谨慎输血(输血量为 5ml/kg,持续输注 3~4 小时),以避免液体过剩和心力衰竭。

6. 副作用。口服补铁治疗常见的副作用包括腹痛、便秘和腹泻。但安慰剂对照试验证实,低剂量补铁(如 3mg/kg)和铁强化配方奶极少引起胃肠道症状。极少数情况下需要使用更大的剂量时,可能造成一定程度的不耐受。

口服铁剂在空腹时与水或果汁同服吸收率最高。口服铁剂不应与牛奶或其他乳制品和含钙制品同服,因为这会降低其吸收率。关于随餐服用口服铁剂是否会减轻胃肠道副作用,目前尚缺乏充分的资料证明。

液体铁剂偶尔会造成暂时性牙齿或牙龈灰染。在服用铁滴剂后给儿童刷牙和/或用水漱口可避免或最大程度减轻影响。如果儿童在服用液体铁剂后将手放入口中,则指甲也可被染色。

八、铁过量的诊治

尽管铁对于多种身体机能是必不可少的,但如果铁的含量过多,它也是有毒的,因为金属能够催化导致活性氧生成的反应。这意味着肠铁吸收必须严格调控,保证能够为人体的基本功能提供足够的铁,并且一旦铁的需求增加(例如在怀孕期间),能够相对迅速地做出反应,但是一旦人体铁充足,就需要有限制铁吸收的机制。在过去的10年中,我们对铁吸收的调控有了很多了解。如果该调节机制被破坏,则可能导致重大的临床后果。也许最好的例子是常见的原发性铁负荷障碍 HFE 相关的遗传性血色病。在这种情况下,尽管体内铁储备足够甚至增加,但受影响的个体仍从其饮食中吸收过量的铁。这是因为 HFE 基因的突变导致机体对过量铁作出反应的机制出现缺陷,并且通常会限制未患病个体的铁吸收。

(吴康敏 霍亭竹)

第六节 碘

碘(I)是一种卤族元素,原子序数53,相对原子量126.90。碘最基本的生物学作用是合成甲状腺激素,特别是甲状腺素。

一、碘的理化性质

碘呈紫黑色晶体,易升华,升华后易凝华,有毒性和腐蚀性,熔点113℃,沸点184℃,属于强氧化剂。碘遇空气呈紫红色,遇淀粉会变为蓝紫色,溶于乙醇和乙醚的碘溶液呈棕色。化学性质不如同族元素活泼。主要用于制造药物、染料、碘酒、试纸和碘化合物等。

二、碘的吸收与代谢

碘是人体的必需微量元素之一,健康成人体内的碘的总量为30mg左右(20~50mg),其中70%~80%存在于甲状腺。碘在人体中的唯一的已知用途是产生甲状腺激素。碘被摄入后,碘化物通过胃和十二指肠被迅速吸收,尤其是近端小肠。吸收后,碘化物通过循环运输,并被甲状腺吸收或经肾脏排泄。摄入的碘中约有90%最终会通过肾脏排泄。甲状腺通过钠/碘共转运体(Na^+/I^- symporter,NIS)吸收碘,钠/碘共转运体在甲状腺滤泡细胞的基底外侧膜上表达。NIS的活性受促甲状腺激素(thyroid-stimulating hormone,TSH)和循环碘化物浓度的调节。碘进入甲状腺细胞后,会被甲状腺过氧化物酶氧化,然后参与组成甲状腺激素,最终贮存在甲状腺。

大量的碘以甲状腺素合成途径的中间产物形式以及最终的激素形式储存于甲状腺中。三碘酪氨酸和甲状腺素由甲状腺分泌,血浆半衰期分别约为2日和8日。碘主要经尿液排泄,任何丢失到胃肠道内的碘均会被迅速重吸收。

三、碘的生理作用

碘参与两种甲状腺激素的合成:甲状腺素(3,5,3',5'-四碘甲腺原氨酸,即T_4)和三碘酪氨酸(3,5,3'-三碘甲腺原氨酸,即T_3)。甲状腺激素有许多生理作用,包括调节基础代谢率,以及通过特定的甲状腺激素反应元件进行基因调控。若摄碘量不足,则不能维持充足的碘化酪氨酸水平。

(一)促进生物氧化

甲状腺激素在生物氧化和磷酸化的过程中起着两种作用:①促进三羧酸循环中的生物氧化;②协调生物氧化和磷酸化的耦联,调节能量的转换。

(二)调节蛋白质合成和分解

甲状腺素有调节蛋白质合成和分解的作用。当体内缺乏甲状腺素时,甲状腺素有促进蛋白质合成的作用;当体内不缺乏甲状腺素时,过多的甲状腺素反而引起蛋白质分解。当蛋白质摄入不足时,甲状腺素有促进蛋白质合成作用;当蛋白质摄入充足时,甲状腺素可促进蛋白质分解。

（三）促进糖和脂肪代谢

在糖和脂肪代谢中,甲状腺素能促进三羧酸循环中的生物氧化过程,还有促进糖的吸收、加速肝糖原分解,加强周围组织对糖的利用、通过肾上腺促进脂肪的分解和氧化、调节血清中的胆固醇和磷脂的浓度等作用。

（四）促进维生素的吸收和利用

甲状腺素能促进尼克酸的吸收和利用,胡萝卜素转为维生素A,核黄素合成核黄素腺嘌呤二核苷酸（FAD）。因此,甲状腺素对维生素代谢有促进作用。但当甲状腺素过多时,其能引起代谢亢进,所以维生素 A、B_1、B_2、B_{12} 和 C 的需要量增加。

（五）调节组织中水盐的代谢

甲状腺素能促进组织中水盐从肾脏排出,缺乏时引起组织内水盐潴留,在组织间隙出现含有大量黏蛋白的组织液,从而使皮肤出现"黏液性水肿"的特有体征。

（六）促进生长发育

甲状腺素能促进骨骼和神经系统的发育、组织的发育和分化、蛋白质合成。这些作用在胚胎发育期和出生后早期尤为重要。此时如缺乏甲状腺素,会对脑的发育造成严重影响,使患者智力下降、面容呆笨、骨骼短小和生殖系统发育障碍而发生"呆小症"。

（七）增强酶的活力

甲状腺素能活化体内 100 多种酶,包括细胞色素酶系、琥珀酸氧化系和碱性磷酸酶等。这些酶对促进生物氧化和物质代谢都有重要的作用。

四、碘与疾病

当饮食中碘摄入不足时,血清甲状腺激素水平最初会下降,垂体随之增加促甲状腺激素分泌。促甲状腺激素会刺激甲状腺细胞的生长、甲状腺碘的摄取和甲状腺激素的合成。甲状腺肿大或甲状腺肿是由碘缺乏引起的,可在任何年龄发生。如果碘缺乏严重,甲状腺激素的产生就会下降,导致甲状腺功能减退。

临床表现因碘缺乏程度和年龄而异。各年龄组都可表现为甲状腺肿、甲状腺功能减退(甲减)或亚临床甲减、脑功能损伤和对核辐射的易感性增加。成年人表现为结节性甲状腺肿、甲状腺功能亢进(甲亢);儿童则表现为智力和身体发育迟缓、新生儿甲减;发生在女性妊娠 10~20 周可以导致胎儿流产、滞产、围产期和新生儿死亡率增加以及胎儿先天畸形。严重者发生神经性克汀病。

(一)弥漫性和结节性甲状腺肿

甲状腺肿是碘缺乏最明显的表现。碘摄入量低会导致 T_4 和 T_3 合成减少,从而引起促甲状腺激素(TSH)分泌增加,以促进 T_4 和 T_3 的合成恢复正常。TSH 也会刺激甲状腺生长,因此甲状腺肿是碘缺乏的代偿反应结果。甲状腺肿最初呈弥漫性,但因为某些甲状腺滤泡细胞的增殖速度超过其他细胞,最终会发展为结节性。随着时间推移,甲状腺结节会增大,并出现囊性变、出血和钙化。促进甲状腺滤泡细胞复制的碘缺乏还会增加促甲状腺激素受体基因突变的机会,导致滤泡状甲状腺癌的发生风险增加。

(二)妊娠期碘缺乏

1. 妊娠期重度碘缺乏——地方性克汀病 为了胎儿的全面发育,妊娠女性需要达到最佳碘营养状态。对于发育中的胎儿或婴儿,重度缺碘所致母体甲减若未接受治疗可造成严重后果,因为甲状腺激素是中枢神经系统正常成熟(尤其是髓鞘形成)所必需的。在妊娠前 12 周,胎儿完全依赖于母体所提供的 T_4。妊娠第 10~12 周,胎儿 TSH 出现,胎儿的甲状腺开始有能力浓缩碘并合成碘化甲状腺原氨酸。然而,在妊娠 18~20 周之前,胎儿几乎不会合成甲状腺激素。之后,胎儿的甲状腺分泌会逐渐增加。在母体持续缺碘的情况下,上述胎儿可在发育的敏感期出现甲减,并持续到胎儿甲状腺开始发育之后,可导致永久性智力障碍,最严重者即为地方性克汀病。

地方性克汀病（endemic cretinism）是严重碘缺乏病的表现，是胚胎期和出生后早期碘缺乏和甲减所造成的大脑与中枢神经系统发育障碍的结果。克汀病可分3型：神经型、黏液水肿型及混合型。大多数为混合型。

（1）神经型克汀病：常表现为身材矮小，智力呈重度及中度低下，表情淡漠，聋哑，斜视等；甲状腺轻度肿大，临床没有明显的甲减表现，其病因可能是妊娠早期母亲存在甲减，但新生儿在出生后因碘摄入充足而使甲状腺功能处于正常状态。

（2）黏液水肿型克汀病：多有严重的甲减表现，典型的克汀病面容，智力减低较轻，身材矮小。其原因主要是妊娠晚期并持续至出生后的碘缺乏和甲状腺损伤。

2. 妊娠期轻～中度碘缺乏——亚临床克汀病 本病缺乏地方性甲状腺肿的临床表现，看似正常，实则发育和智力均不正常。本病临床表现不明显，易被忽视，而实际上发病率远高于典型地方性克汀病。

亚临床克汀病可能由妊娠期轻～中度碘缺乏引起。已有研究显示，母亲在妊娠期有轻～中度碘缺乏的儿童出现了轻微的神经心理缺陷，这些缺陷可经专业的神经心理学测试来明确。英国的一项研究显示，与妊娠期尿碘/肌酐浓度≥150μg/g的母亲所生育儿童相比，妊娠期尿碘/肌酐浓度<150μg/g的母亲所生育儿童在8岁时的语言、智商、阅读准确性及阅读理解评分更低。

3. 听阈增高 可能是碘缺乏的另一种临床表现，在西班牙的一项研究中发现，在有轻～中度碘缺乏的甲状腺肿儿童中，听阈与尿碘排泄量呈负相关（即碘缺乏越严重，听阈越高）。

五、碘的检测与营养状况评价

碘的营养状态可以通过以下指标来监测评估。在实际操作中最常使用的是尿碘浓度，反映当前的碘营养状况。而甲状腺大小和血清甲状腺球蛋白浓度可反映数月或数年间的碘营养状况。

1. 尿碘浓度 人体摄入的碘大约≥90%最终会出现在尿液中。碘营养状况通常是由随机尿样中的尿碘浓度界定的。轻度碘缺乏尿碘中位数浓度为50~99μg/L,中度碘缺乏为20~49μg/L,重度碘缺乏为<20μg/L。

2. 甲状腺大小 甲状腺大小是碘缺乏的一个敏感指标,因为甲状腺肿虽然不是碘缺乏最严重的后果,但却是临床上最明显的后果。除了重度碘缺乏外,通过触诊评估甲状腺大小非常不精确,仅能够定性,而超声检查很精确、可定量且操作简便。超声检查需要采用7.5MHz以上的探头,其确定甲状腺肿的标准为:8岁儿童>4.5ml;9岁儿童>5.0ml;10岁儿童>6.0ml。

3. 针对甲减的新生儿血清TSH浓度筛查 在缺碘地区,新生儿筛查项目采集的血斑中超正常TSH浓度(>5mU/L)的发生率高于碘充足地区,且与碘缺乏的严重性大致相符。暂时性新生儿甲减也更常见。因此,WHO已确定新生儿血TSH筛查结果可作为提示碘摄入水平的便捷指标。

4. 血清甲状腺球蛋白浓度 血清甲状腺球蛋白浓度是甲状腺活性和增生的敏感指标。对于缺碘的婴儿和儿童,血清甲状腺球蛋白浓度升高比血清TSH浓度升高更常见。尽管这是一项非特异性检查(因为任何形式的甲状腺刺激或损伤都能升高血清甲状腺球蛋白浓度),但该检测值与碘缺乏严重程度的相关性非常高。还有证据显示,甲状腺球蛋白是学龄儿童碘摄入过量的敏感指标。然而,测定甲状腺球蛋白水平需要采血,而这在常规调查中通常不易实施。

大多数缺碘儿童和成人的血清T_4、T_3及TSH浓度均位于各自的正常范围内,所以这些检查对于诊断缺碘的灵敏度都不够。

六、碘的来源与膳食参考摄入量

获取碘的途径包括天然的含碘食物。海产品的碘含量丰富,如海带、紫菜、淡菜、蛤干、干贝、海参、海蜇等。此外,还包括加碘食物,如碘盐。远离海洋的山区或不易被海风吹到的地区食物碘含量比较低(表2-14)。

表2-14 中国居民膳食碘的参考摄入量(mg/d)

年龄	EAR	RNI	UL
0岁~	—	85*	—
0.5岁~	—	115*	—
1岁~	65	90	—
4岁~	65	90	200
7岁~	65	90	250
9岁~	65	90	250
12岁~	80	110	300
15岁~	85	120	500

注:EAR:估计平均需求量;RNI:推荐摄入量;UL:可耐受最高摄入量;—:未制定;*:AI值。

引自:中国营养学会.中国居民膳食营养素参考摄入量(2023版).北京:人民卫生出版社,2023。

七、碘缺乏的防治

碘缺乏是一项全球性公共卫生问题,为了防治该病,诊断和纠正的重点应该放在社区水平而非个体水平。若能在人群中实现充足的碘营养,则无需在妊娠期和哺乳期专门补碘。加碘食盐是增加社区水平碘摄入量的首选方法。食盐是膳食必需品,在食盐的包装或加工过程中加入碘是一种有效的大规模分配碘的方法,该技术简单且费用低廉。通常的剂量为每千克食盐(氯化钠)中添加10~50mg碘化钾或碘酸钾。

个体应用碘化物的方法包括每2~4周口服1次碘化钾溶液,以及每日口服含100~300μg碘化钾的片剂。特别推荐采用后一种方法来满足妊娠期和哺乳期增加的碘需求量,通常可将其添加到产前维生素/矿物质制剂中。

八、碘过量的诊治

防治碘缺乏病要注意碘过量的倾向。过量的碘来源可包括摄入或经皮肤黏膜吸收的药物、放射造影剂以及膳食补充剂等。2001 年 WHO、UNICEF、ICCIDD 提出了依据学龄儿童尿碘评价碘营养状态的流行病学标准。这个标准首次提出了"碘超足量"(MUI 200~299/L)和"碘过量"(MUI ≥ 300/L)的概念,认为碘超足量和碘过量可以导致对健康的不良影响,包括碘致甲亢、自身免疫甲状腺病和甲减,特别是碘缺乏地区人群和具有自身免疫甲状腺病遗传背景的人群。国内学者的前瞻性流行病学研究结果显示,碘超足量和碘过量可以导致自身免疫性甲状腺炎发病率升高 4.4 倍和 5.5 倍,亚临床甲减发病率升高 11.3 倍和 12.6 倍。碘超足量和碘过量还可以影响抗甲状腺药物治疗甲亢的效果。

美国医学研究所已将每天摄入的碘的上限设定为成人 1 100μg,儿童 14~18 岁为 900μg,9~13 岁为 600μg,4~8 岁为 300μg,1~3 岁为 200μg。由于缺乏研究数据,尚未确定 1 岁以下婴儿的容许上限。

暴露于高碘水平后,通常通过急性 Wolff-Chaikoff 效应暂时抑制甲状腺激素的合成。这一机制尚未完全研究明确,可能是由于碘脂质或碘内酯暂时抑制了甲状腺激素合成。如果持续存在高碘,则甲状腺可以通过下调 NIS 来摆脱急性 Wolff-Chaikoff 效应,从而在几天之内恢复正常甲状腺激素的产生。由于这种体内的平衡机制,大多数人能够耐受大剂量的碘而不会出现甲状腺功能障碍。

过量的碘化物主要会对有甲状腺基础疾病的患者造成影响。甲状腺激素合成轻度缺陷者(如桥本氏甲状腺炎患者),可能无法摆脱急性 Wolff-Chaikoff 效应,并且有发生碘诱发的甲状腺功能减退的危险。直到孕 36 周,胎儿甲状腺从急性 Wolff-Chaikoff 效应中逃脱的能力才成熟。因此,在胎儿和早产儿中,碘诱发甲状腺功能减退的风险可能很高。对于缺碘的地方性甲状腺肿患者,可能无法发生急性 Wolff-Chaikoff 效应,导致碘引起的甲状腺功能亢进或 Jöd-Basedow 现象。这种情况常在缺碘地区的成年人中见到,在结节性甲状腺肿长期存在的患者中更为常见。

碘过量症状一般在停用碘后迅速自发缓解,往往不需要药物治疗。

(吴康敏　霍亭竹)

第七节　硒

硒(Se)是人体必需的微量元素,具有抗氧化、消除自由基、增强机体免疫等多种生理功能,同时在重金属解毒、保护心肌和防治一些地方病等方面也起到十分重要的作用。适宜的硒摄入,对维持儿童健康、防治一些疾病具有重要意义。硒元素对机体具有双重作用,硒摄入不足或过量均会损害人体健康。

一、硒的理化性质

硒的原子序数为 34,原子量为 78.96,在元素周期表中与硫同属于ⅥA 族,它们有相似的理化性质。硒具有 −2、0、+4、+6 多种化学价态,其中以 +4、+6 化学价态最常见,可以构成各种特性的无机和有机硒化物,前者如硒酸盐、亚硒酸盐,后者如硒半胱氨酸和硒甲硫氨酸。

二、硒的吸收与代谢

硒在动物性食物中以硒半胱氨酸和硒甲硫氨酸的形式为主,在植物性食物中以硒甲硫氨酸的形式为主。硒的吸收部位主要为十二指肠,在空肠、回肠中也有吸收。人体对硒的吸收比较容易,食物中的有机硒化物吸收率一般为 80%~90%。硒在体内广泛分布于除脂肪外的所有组织中,以肝、肾中浓度最高,而肌肉组织中总量最多,约占人体总硒量的 1/2。人体硒含量受其生活地区土壤、水和食物中硒含量的影响。硒在人体中总含量的数据较少,国内研究数据表明,北京 60kg 男性体硒总量为 9.6mg(7.3~13.2mg)。根据新西兰的实验估计,全身硒的生物半衰期约为 100 天。

各种形式的硒吸收进入人体后通过不同的代谢途径转化为负二价的硒化物,在硒代磷酸盐合成酶(seleno-phosphate synthase,SPS)的催化下形成硒代磷酸盐,其硒可通过置换反应转化为硒半胱氨酸 tRNA,用于合成硒蛋白。当硒代磷酸盐合成酶受抑制时,体内 –2 价的硒化物则通过甲基化作用形成二甲基或三甲基硒离子而排出体外。硒主要通过尿液和粪便排出,汗液和呼出的气体也可排出少量的硒。

三、硒的生理作用

人体硒主要以含硒蛋白质的形式存在,有几十种之多,其中重要的有 5 种。①谷胱甘肽过氧化物酶(glutathione peroxidase,GPX):包含 4 种同工酶(GPX1、GPX2、GPX3、GPX4),遍布于机体各组织细胞和体液中,为机体抗氧化损伤防御系统的重要组成部分;②硫氧还蛋白还原酶(thioredoxin reductase,TR):在硒代谢还原反应中具有多种作用;③碘甲腺原氨酸脱碘酶(iodo-thyronine deiodinase,ID):参与甲状腺激素的合成;④硒代磷酸盐合成酶(SPS),为硒蛋白合成的关键酶;⑤硒蛋白 -P(seleno-protein,Se-P):在肝脏合成后通过血液转运供给其他组织,并具有氧化还原功能。硒以硒蛋白形式发挥生物效应,主要表现在以下几个方面。

(一)抗氧化作用

硒作为谷胱甘肽过氧化物酶(GPX)的重要成分,可将氢过氧化物(ROOH)或过氧化氢(H_2O_2)还原成无害的醇类(ROH)或水(H_2O),发挥重要的抗氧化功能。这对于保护机体生物大分子或生物膜结构免受氧化损伤,维护正常组织细胞代谢功能,减少组织坏死、炎症,预防肿瘤和延缓衰老过程等均具重要作用。

（二）维持免疫功能

硒存在于所有免疫细胞中,研究揭示,硒免疫调节作用可能是多方面的:调节二十烷酸合成途径平衡,使白三烯和前列环素优先合成;上调白细胞介素-2受体表达,使淋巴细胞、自然杀伤细胞、淋巴因子激活自然杀伤细胞的活性增加;提高机体合成IgG、IgA等抗体的能力。关于硒增强机体免疫功能更详细的机制,有待进一步研究。

（三）调节甲状腺激素

硒是3种碘甲腺原氨酸脱碘酶(ID)的构成成分,直接参与甲状腺组织中甲状腺素 T_4 向 T_3 的转化与分泌,并在组织中催化甲状腺素 T_3、T_4 的脱碘灭活过程,从而调控甲状腺素的水平和活性。

（四）预防与硒相关地方病

流行病学调查显示硒可能与克山病、大骨节病的发病有相当密切的关系,但具体机制尚不十分明确。克山病、大骨节病均发生在我国的低硒地带,通过补硒治疗,可一定程度减少发病,改善患者的症状和预后。

（五）维持生育能力

谷胱甘肽过氧化物酶4(GPX4)对精子的分化、成熟起着重要的调节作用。动物实验表明,长期或严重的硒缺乏,可导致精子生成障碍或不育。研究发现男性精液的硒浓度与精子的硒浓度呈正相关,给低生育能力的男性补硒可显著提高精子活性。

（六）影响生长发育

硒蛋白可参与细胞分化,以及甲状腺素生成与代谢的调控作用,对儿童生长发育产生影响。另一方面,硒蛋白的免疫调节、抗氧化应激损伤功能也具有减少组织炎症损害、保护和促进儿童生长发育的作用。

（七）解毒

硒与金属结合力很强,可通过与铅、汞、镉等重金属结合或竞争抑制,或促进重金属的排出等发挥解毒作用。硒能抵抗镉对肾脏、生殖腺和中枢神经的损害。一些研究认为硒能抑制砷的致畸性和毒性,减轻甲基汞的毒性。

四、硒与疾病

(一)硒缺乏与疾病

目前还没有"单纯硒缺乏"疾病的报道。但研究提示硒缺乏作为复合因素之一,与克山病和大骨节病的发生有关。我国克山病只发生在从东北到西南的一条很宽的低硒地带,在硒适宜地区从未有病例发生。通过测试发现克山病患者体内及其生活的环境(食物、水、土壤)均呈现低硒状态,口服亚硒酸钠可以减少克山病的发生。尽管至今克山病病因尚不十分明了,但人体硒缺乏被认为是影响其发病的重要因素之一。与克山病相同,大骨节病也只出现在低硒地区,因此硒缺乏也被认为是大骨节病发病的环境因素之一。通过补硒可以缓解大骨节病的一些症状,但不能有效控制其发病率,提示该病还存有其他未阐明的发病因素。

鉴于硒所具有的抗氧化、维持免疫、甲状腺激素调节等广泛的生理功能,低硒可能对人体产生一定的负面影响,如增加感染风险、引起生长发育异常和早衰等,适宜的硒营养有利于这些疾病的恢复。研究发现,硒营养水平与儿童体格生长异常、贫血、佝偻病、近视的发生有一定关系。另有研究发现,硒有阻断病毒复制与变异的作用,缺硒会使某些病毒感染的发生概率、毒性或疾病的进展速度增加。通过适当补硒有助于病毒感染性疾病(如流感病毒、呼吸道合胞病毒、肠道病毒、新型冠状病毒感染等)的恢复。

(二)硒过量的危害

硒中毒主要与环境有关,有关儿童硒中毒的报道较少。我国富硒地区不多,湖北恩施县、陕西紫阳县是天然富硒地区。20世纪60年代湖北恩施县因玉米硒过量发生200多人硒中毒,主要表现为脱发、脱甲和感觉异常等症状,也可出现皮肤损害表现。1990年对陕西省紫阳县硒中毒地区495名7~14岁儿童检查发现,与对非硒中毒地区同龄儿童相比,硒中毒地区儿童体格生长、智力发育水平明显偏低。

五、硒的检测与营养状况评价

(一)人体组织硒含量

人体最常用的检材有全血、血浆、红细胞、头发、指甲、尿液等。血液中的红细胞寿命一般为120天左右,其硒含量反映远期膳食硒摄入情况;而血浆(血清)硒含量则反映了近期膳食硒摄入情况。另外,头发、指甲取样十分方便,与血硒有良好相关性,也能反映较长时期的硒营养状态。尿液中的硒影响因素较多,尿检测现已很少应用。各项硒指标的正常值范围如下。①全血硒:0.89~7.7μmol/L(0.07~0.56mg/L);②血浆硒:0.82~4.2μmol/L(0.065~0.33mg/L);③尿硒:0.15~2.2mmol/L(12~174mg/L);④发硒:4.5~45μmol/L(0.36~3.6mg/L);⑤指/趾甲硒:5.7~57μmol/L(0.45~4.5mg/L)。以上硒含量反映的是总体硒量,其中包含了非功能硒,如硒甲硫氨酸、金属硒化物等,是相对笼统的营养评价指标。

(二)谷胱甘肽过氧化物酶活性

谷胱甘肽过氧化物酶(GPX)代表了体内硒活性形式,测定血液的GPX活性更为常用。与血硒相似,红细胞、血浆的GPX分别代表了远期、近期膳食硒的摄入情况。测定GPX有一个特点,在低浓度时,组织中的硒含量与GPX的活性有较好的相关性,但当血硒达到1.27μmol/L(0.1mg/L)之时,GPX活性达到饱和而不再升高。所以GPX活性作为硒评价指标,只适合低于正常硒水平的人群,而不能用于评价高硒水平的营养状况。由于没有适合高硒营养状态的灵敏指标,头发脱落和指甲变形被用来作为硒中毒的临床指标。

(三)血浆硒蛋白-P(Se-P)

血浆中约30%的硒存在于GPX3中,约65%存在于硒蛋白-P(Se-P)中。Se-P主要在肝脏合成,分泌到血液中,除了与GPX一样在细胞外液中可以发挥抗氧化作用外,还具有调节全身硒的运输和内稳态的作用,是反映人体硒营养状况的重要指标。

六、硒的来源与参考摄入量

人体硒需要量的研究主要集中在成人。一些研究已经确定我国男女成人硒平均需要量(EAR)为 50μg/d,推荐摄入量(RNI)为 60μg/d。目前尚缺儿童及青少年硒的平均需要量数据,1 岁以上儿童采用成人 EAR 和代谢体重法进行推算,得出儿童各个年龄段的 EAR 和 RNI。1 岁以下婴儿没有需要量的研究资料,只能推算适宜摄入量(AI)。根据我国适宜硒地区母乳硒平均值为 19.8μg/L,推算 0~6 月龄婴儿的 AI 为 15μg/d,7~12 月龄婴儿的 AI 为 20μg/d。国内研究者根据高硒地区母乳硒平均值为 88.5μg/L,婴儿相当于每天摄入硒 66μg,这类婴儿并无中毒症状。按照安全系数 1.2 加以调整,认为 0~6 月龄婴儿硒的可耐受最高摄入量(UL)为 55μg/d,相当于 9μg/(kg·d),相应 7~12 月龄婴儿 UL 为 80μg/d。儿童膳食硒参考摄入量见表 2-15。

表 2-15　儿童膳食硒参考摄入量　　　　单位:μg/d

年龄/阶段	EAR	RNI	UL
0 岁~	—	15(AI)	55
0.5 岁~	—	20(AI)	80
1 岁~	20	25	80
4 岁~	25	30	120
7 岁~	30	40	150
9 岁~	40	45	200
12 岁~	50	60	300
15 岁~	50	60	350

注:EAR:估计平均需求量;RNI:推荐摄入量;UL:可耐受最高摄入量;—:未制定。

引自:中国营养学会.中国居民膳食营养素参考摄入量(2023 版).北京:人民卫生出版社,2023.

硒无法在机体内合成，人体硒完全来源于食物。在常见天然食物中，硒含量由高到低的大致顺序是：动物内脏>海产品>蛋>肉>豆类>谷类>蔬菜>水果。但各地食物中硒的含量变化很大，影响食物硒含量的主要是栽种土壤中的硒含量和可被吸收利用的量。同一种谷物或蔬菜，其含硒量可因产地不同有很大的变化，例如低硒区域出产的大米硒含量可少于 0.02mg/kg，高硒地区出产的大米硒含量可以高达 2mg/kg。近年富硒产品明显增多，因产地、技术、生产方式的不同，具体含量和质量参差不齐。动物性食物的硒含量也受产地的影响，但影响相对较小。

七、儿童硒缺乏的防治

人体缺硒主要是由于地质环境缺硒导致。土壤缺硒是全世界广泛存在的问题，低硒地带遍布全球 42 个国家和地区。我国从东北的黑龙江省到西南的云南省存在一条呈带状分布的缺硒地带，涉及 22 个缺硒省份，309 个县，造成这些地区农产品硒含量极低。叶涛等对天津市 18 个县区 15 564 名在园所的 1~7 岁儿童进行营养状况调查，结果全市儿童缺硒率为 16.8%，农村儿童缺硒率高达 60% 以上。2012 年对云南省楚雄克山病病区儿童硒营养状况调查发现，有 27.9% 的儿童发硒含量处于缺乏的边缘水平。

对低硒地区人群要做好硒缺乏的常规预防。20 世纪末和 21 世纪初，一些缺硒地区通过人工补硒、换粮、改水等方法防治大骨节病，收到了较好的效果。陕西省永寿县作为大骨节病的重病区，通过展开"服硒、吃杂、改水"综合防治，使当地儿童硒营养达到中等水平，儿童和青少年大骨节病发病率显著下降。青海省对贵德县和兴海县数个自然村 7~12 岁的整群对照研究显示，补硒组、换粮组儿童大骨节病的预防效果相同。随着富硒种植技术的进步和商品流通的加快，为缺硒地区人群提供多样的富硒食品，例如富硒大米、鸡蛋、蔬菜、食用油、酵母、茶叶等，也能改善其硒营养水平，起到相应的预防作用。市面上硒保健食品也可选用，但要注意鉴别产品质量状况。若选择补硒药物如硒酵母片等，应在医师指导下进行应用。

八、硒过量的防治

摄入硒过多会危害人体健康,非富硒地区出现硒中毒的机会很少,硒过量的防治任务主要集中在富硒地区。20世纪90年代,卫生部曾颁布《食品中硒的限量卫生标准》(GB13105-91)。2012年新发布的《食品安全国家标准食品中污染物限量》(GB2762-2012)取消了硒的限量规定。标准制定者认为:我国实验室检测、全国营养调查和总膳食研究数据显示,各类地区居民硒摄入量较低;20世纪60年代以来,我国极个别发生硒中毒的地区通过采取相关措施有效降低了硒摄入,地方性硒中毒得到了很好控制,多年来未发生硒中毒现象。因此,硒限量标准在控制硒中毒方面的作用已经有限,不再将硒作为食品污染物控制。但是预防工作需要一定的政策工具。可用的预防儿童硒过量的工具之一便是中国营养学会制定的《儿童膳食硒参考摄入量》,其中硒可耐受最高摄入量(UL)是检查个体可能摄入过高的限值。通过开展儿童营养监测,可预防儿童硒摄入过量。另一个工具是卫生部2012年颁布的《食品安全国家标准食品营养强化剂使用标准》(GB14880-2012),该标准对硒营养强化剂的化合物来源及其使用量作出了明确规定,有效规范了硒强化食品的生产,提高这类食品的安全性。

我国硒中毒集中发生于20世纪后半期,进入21世纪以后,硒中毒的案例罕有报告。国内硒中毒的治疗经验多来自成年患者,湖北省恩施地区治疗硒中毒病例的经验是,只要及时中断高硒饮食,脱离高硒环境,加强营养和对症治疗,患者一般都能自愈。至于高硒地区儿童的体格和智力发育偏低问题,鉴于儿童一直处于发育过程中,这种损害可能发生于儿童早期且具有长期效应。因此,早期预防、避免硒过量才是解决问题的关键。

(何守森)

第八节 铜

铜（Cu）是一种金属元素，原子序数为29，平均相对原子质量为63.546。铜在维持人体正常的造血功能、促进结缔组织形成、维护中枢神经系统健康等许多方面发挥着重要作用。铜缺乏可引起贫血以及其他组织和器官的疾病。铜过量可引起肝脏和其他组织的铜蓄积。

一、铜的理化性质

纯铜呈紫红色，有金属光泽，熔点1 083.4℃，沸点2 567℃，能溶于酸，不溶于水。铜常见的价态是+1价和+2价。

铜是一种存在于地壳和海洋中的金属，在地壳中的含量约为0.01%，自然界中的铜，多数以化合物即铜矿物存在。铜是不太活泼的重金属元素。在常温下不与干燥空气中的氧反应，但加热时能氧化合成黑色的氧化铜，在潮湿的空气里，铜的表面会慢慢生成一层绿色的铜锈。铜容易被硝酸或热浓硫酸等氧化性酸氧化而溶解。

二、铜的吸收与代谢

从食物中摄取的铜由胃和小肠黏膜吸收，吸收率约为30%。吸收后的铜95%与蛋白质结合形成铜蓝蛋白，5%与白蛋白结合，在血液中运转。大部分铜经胆道排泄，少量由尿及汗中排出体外。

三、铜的生理作用

铜是生物体内不可缺少的微量元素，人体内铜含量为100~200mg，仅次于铁和锌。在人的血液中，铜是铁的"助手"。铜对血红蛋白形成起着重要作用，一般认为是促进对肠道铁的吸收和使其从肝及网状内皮系统的贮藏中释放出来。在细胞中，铜不会以自由离子形式存在。细胞内的铜处于一个相对稳定的状态,其中铜转运蛋白(hCtr1)的铜摄取和 ATP 酶(ATPase)的铜外排对维持胞内铜的正常水平起到至关重要的作用。人体缺铜会引起贫血,毛发、血管、骨骼异常,脑功能障碍等。铜中毒会导致腹泻、呕吐、运动障碍、知觉神经障碍、肝功损害等。铜的稳态平衡对维持生命体的正常功能非常重要。

四、铜与儿童健康

铜能刺激脑垂体释放生长激素、甲状腺刺激激素、黄体生长素及促肾上腺皮质激素,可直接影响儿童生长发育。

铜能催化氧化赖氨酰氧化酶,使之形成既有弹性又较坚硬的纤维状蛋白质,这些蛋白质构成了骨骼、血管、结缔组织。缺铜时骨骼形成障碍,骨质疏松,血管易损。

铜为形成色素所必需,缺铜或铜代谢障碍会使皮肤、毛发颜色变浅,引起白癜风。

近期研究发现,在患各种感染性疾病时,血清铜升高,刺激并增加肝脏合成和释放铜蓝蛋白,用来抵抗微生物的侵袭,而血清铜升高主要与中性粒细胞及巨噬细胞被激活时分泌的一种白细胞内源性物质有关,该物质随血流到远端靶组织,发挥重要的免疫调节及杀菌功能。

五、铜的检测与营养状况评价

近年来,人们对铜缺乏症,尤其是对婴幼儿铜缺乏症的研究越来越深入,业已发现亚临床铜缺乏可能对动脉粥样硬化发展的所有阶段产生影响,可增加冠状动脉疾病的危险性。此外,研究者还观察到铜缺乏时可出现异常心电图、血脂增高及血压变化等。然而,尽管人们对铜生理作用的认识不断加深,但仍有许多临床问题尚待明确,如铜缺乏的临界标准、生化指标等。1979 年,Solomon 曾指出,虽然人们在微量元素的测定方法上已取得了很大进展,可准确测定体液和组织及在金属蛋白酶中微量金属元素的浓度,但对如何评价人体微量元素营养状况的基础临床研究却没有跟上。

1. 血浆或血清铜浓度 血浆或血清中铜的浓度是评价铜营养状况的传统指标,对近期铜缺乏症的指示较差,对远期铜缺乏症的指示较好。正常情况下,人体对血浆铜的调节能力很强,即便在2周到13个月铜摄入不足的情况下,健康人体的血浆铜浓度变化仍可维持在一个相当小的范围内(±6.7%~8.6%)。在实验性铜丢失过程中,除非机体贮存的铜被耗尽,否则血浆铜浓度不会明显低于参考范围。外周循环血液的铜浓度受很多因素影响,因此不能反映铜的营养状况。女性的血浆或血清铜浓度通常高于男性,口服避孕药中的雌激素可使血浆铜浓度增高。类风湿性关节炎患者常出现血清锌浓度降低、铜浓度增高的现象,而血清铜浓度增高又增加了发生心肌梗死的危险。与此相反,皮质类固醇和促肾上腺皮质激素(adrenocorticotropic hormone,ACTH)可导致血浆铜浓度降低。由于血浆铜浓度受多种因素的影响,因此以血浆铜浓度作为评价铜营养状况的指标时,必须考虑这些影响因素。原子吸收分光光度法(atomic absorption spectrophotometry,AAS)是一种灵敏、准确的测定铜浓度的方法,按激发器件不同可分为火焰AAS和石墨炉AAS。火焰AAS分析速度快,石墨炉AAS灵敏度高,适合于较小样本的测定。Zeeman对石墨炉AAS进行了改进,通过背景校正可以迅速测定血清铜及尿铜。近20年来电感耦合发散光谱法(inductively coupled plasma spectrometer,ICP)已应用于血清、尿中铜和其他矿物质及微量元素的测定,它的优点有:①多元素同时分析;②不存在挥发性溶剂的干扰;③线性校准的范围通常在4~5个浓度单位即可;④检测范围及灵敏度优于火焰AAS。

2. 血浆铜蓝蛋白 血浆铜浓度的变化很大程度上与血浆铜蓝蛋白浓度的变化有关,过去认为血浆铜蓝蛋白结合铜占血浆总铜的80%以上,最近的研究指出该数值应为60%~72%,测定表明,女性铜蓝蛋白的酶活性和酶蛋白含量比男性高,特别是在孕妇和口服避孕药(雌激素)的女性中,以上数值会更高。血浆铜蓝蛋白是一种急性时相反应蛋白，它在急、慢性感染和炎症情况下增加，在患有营养不良、肾病、Menkes综合征、Wilson病及慢性肝炎时则降低。研究发现低铜饮食时，某些人血浆铜蓝蛋白的酶活性降低，但其免疫活性不受影响。当补充铜的供给时，活性可恢复至正常。由此推测，在铜缺乏时，一部分铜蓝蛋白是以无铜的酶蛋白形式存在，或以无活性的酶蛋白-还原铜形式存在。有研究者指出，用该酶的活性浓度与质量浓度之比（ENZ/RIDCp）指示铜的营养状况较为合理，这一指标检测年轻女性铜缺乏的灵敏度高，不受非饮食因素的影响。血清铜蓝蛋白浓度测定方法有氧化酶耦联法、比浊法、放射免疫扩散法和免疫电泳法等。用对苯二胺作氧化酶耦联反应的电子受体时，应注意某些离子对苯二胺氧化产物的干扰。有人将结晶的铜蓝蛋白层析，分离出几种免疫活性成分，铜蓝蛋白不同抗原成分与铜的结合不同，在实验室，酶法或免疫化学法是较好的测定血浆铜蓝蛋白的方法，可为临床提供可靠的数据。

3. **超氧化物歧化酶**（SOD） Cu-Zn-SOD广泛存在于动植物组织中，是机体抗氧化代谢防御体系所必要的组成成分。研究发现一些动物饮食中缺少铜，可导致体内大多数组织，包括肺主动脉、肝及红细胞中Cu-Zn-SOD活性降低。红细胞中SOD的酶活性与铜浓度呈平行关系，这一点与组织中其他含铜酶一致。Okahate等观察到7个月婴儿缺乏铜时，Cu-Zn-SOD的活性降低。UauyCI等报道，17名低Cu-Zn-SOD活性的婴儿在接受大剂量铜补给后，Cu-Zn-SOD活性均恢复到正常水平。在实验性铜缺乏的成人研究中发现，Cu-Zn-SOD活性在铜缺乏期间降低，当增加铜摄取时活性恢复，与血清铜和铜蓝蛋白不同，红细胞中Cu-Zn-SOD活性似乎不受年龄、性别和服用激素的影响。

最近的研究指出，在某些条件下，即使在低铜饮食期间，氧化加速也可使Cu-Zn-SOD活性增高。Lukaskifu等的研究表明，游泳运动员在竞赛时，红细胞Cu-Zn-SOD活性升高，推测这与竞赛时运动员氧利用加剧有关。Cu-Zn-SOD活性的测定常用分光光度法。近来有研究者采用化学发光法通过过氧化物或过氧化氢的变化来测定SOD的活性。此外，免疫化学法也用于Cu-Zn-SOD

活性的测定。最近研究表明,妇女绝经后血小板细胞色素C氧化酶活性是铜缺乏最敏感的指标;大鼠血小板和白细胞中细胞色素C氧化酶的活性是铜营养状况的敏感指标,血小板中细胞色素C氧化酶的活性与肝脏中铜浓度有关。上述研究证实,血小板细胞色素C氧化酶活性是评价人体铜营养状况的有效指标,值得进一步研究。血小板和单核细胞中细胞色素C氧化酶活性在老年人中比在年轻人中更高,但不受性别或服用激素的影响。然而,该酶的活性极易受理化因素的影响,且在不同个体之间存在着很大差异,这限制了其在临床中的应用。当细胞色素C氧化酶活性降至正常活性的50%时,可引起神经系统、心脏及肌肉疾病。有研究指出患有中枢神经系统或神经肌肉疾病并伴有乳酸过多症的儿童,以及患有Leigh综合征、神经系统紊乱的个体,其细胞色素C氧化酶活性不足。Menkes病患者白细胞中细胞色素C氧化酶活性明显降低。

细胞色素C氧化酶活性的测定方法大多基于亚铁细胞色素C氧化高铁细胞色素C的反应,通过分光光度法测定消光度的改变。近来建立了一种微量测定方法,是利用细胞色素C与二氨基四氯联苯胺耦联反应,该法标本用量少,方法简易快捷,优于传统的分光光度法。

六、铜的来源与参考摄入量

铜与铁不一样,人体没有贮存铜的组织,所以必须每天从食物中摄取一定量的铜,以弥补通过胆汁排出的铜(表2-16)。食物中铜的来源如下。

(1)丰富来源:黑胡椒、巴西果、肝和生牡蛎。

(2)良好来源:龙虾、坚果、种子、油橄榄(绿)、黄豆粉、麦麸。

(3)一般来源:香蕉、菜豆、牛肉、面包、黄油、干酪、椰子、干果、蛋、鱼、绿色蔬菜、羊羔肉、花生酱、猪肉、家禽、萝卜。

(4)微量来源:动物脂肪、植物油、乳及多数乳制品,其他水果、蔬菜以及糖。

表 2-16　铜的膳食参考摄入量(mg/d)

年龄	RNI	EAR	UL
0 岁~	0.3*	—	—
0.5 岁~	0.3*	—	—
1 岁~	0.3	0.26	2.0
4 岁~	0.4	0.30	3.0
7 岁~	0.5	0.38	3.0
9 岁~	0.6	0.47	5.0
12 岁~	0.7	0.56	6.0
15 岁~	0.8	0.59	7.0

注：RNI：推荐摄入量；EAR：估计平均需求量；UL：可耐受最高摄入量；*：AI 值；—：未制定。

引自：中国营养学会. 中国居民膳食营养素参考摄入量(2023 版). 北京：人民卫生出版社，2023.

七、儿童铜缺乏的防治

婴幼儿每天铜需要量为 0.3mg。铜在一般食物中含量比较充足，铜缺乏主要发生在含铜量少的乳粉喂养的婴幼儿中。因此，对非母乳喂养的婴幼儿，应选用加铜乳粉喂养。

八、铜过量的诊治

铜中毒是因为人体通过呼吸道、消化道或经皮肤接触摄入或吸入过量的铜或铜盐而出现的中毒现象。使用铜器存放或烹调食物者，生活用水被铜金属污染者都能发生铜过量或中毒。

1. **急性铜中毒**　急性铜中毒主要见于吸入氧化铜或碳酸铜细粉尘或烟雾而引发金属烟尘热。包括治疗上应用硫酸铜过量、用含铜绿的铜器皿存放食物，以及吞服可溶性铜盐等。除在日常生活中外,在医院诊疗过程中,硫酸铜外用治疗磷烧伤或磷化合物中毒时作洗胃液,或用作催吐剂使用不当,或患儿因用含铜器械进行血液透析也会发生铜中毒。临床表现为急性胃肠炎、牙齿及舌苔呈蓝绿色、尿少,严重者可出现急性肾衰竭、中枢神经系统抑制而危及生命。

2. 慢性铜中毒 慢性铜中毒往往由长期吸入含铜的气体或摄入含铜的食物所致。临床表现主要为记忆力减退、食欲缺乏、恶心呕吐、腹痛腹泻、肝功能异常等。铜尘可致接触性和致敏性皮肤病变,导致局部皮肤发红、水肿、溃疡。

确诊依据为实验室血清铜(正常参考值 0.015~0.035mmol/L)、血清铜蓝蛋白(正常参考值免疫扩散法 150~600mg/L)及尿酮(正常参考值 0~0.8μmol/L)均明显升高。

铜中毒症通常采用青霉胺或三乙基四曲胺等铜螯合剂进行治疗,以恢复和维持体内的铜稳态。

(吴文献　黄 哲)

第九节　钴

钴(Co)是一种金属元素,原子序数为 27,平均相对原子质量为 58.933。钴以维生素 B_{12} 的形式发挥生理作用,参与核酸、胆碱、甲硫氨酸的合成以及脂肪与糖代谢。

一、钴的理化性质

纯钴表面呈银白略带淡粉色,有金属光泽,熔点 1 493℃、沸点 3 100℃,能溶于酸,不溶于水。常见化合价为 +2 价、+3 价。

钴在地壳中的平均含量为 0.001%,自然界已知含钴矿物近百种,但没有单独的钴矿物,大多伴生于其他金属矿床中,且含量较低。钴是中等活泼的金属，其化学性质与铁、镍相似。

二、钴的吸收与代谢

正常人体内含钴总量约为 1.1~1.5mg，14% 分布于骨骼，43% 分布于肌肉，其余分布于其他软组织内。钴可经消化道和呼吸道进入人体，在小肠被吸收，部分与铁共用一个运载通道，在血浆中附着于白蛋白上，吸收率可达到 63%~93%，钴被吸收后最初贮存于肝和肾，然后贮存于骨、脾、胰、小肠及其他组织。

经口食入的钴主要由肠道排泄，有 80% 在 5 天内排出，其中绝大部分在 48 小时排出，17% 由尿排出，少部分由汗、头发等途径排出。静脉注射的钴主要通过肾脏排出，在 1 周内肾脏排出 74%。正常人尿钴含量为 16.6nmol/L，由于钴在体内的生物半衰期比较短，因此测定尿中钴的含量可以了解短期内钴进入体内的状况。

在人体内钴主要通过维生素 B_{12} 的形式发挥生理功能，人类不能利用食物中的钴合成维生素 B_{12}，必须通过胃肠道从食物中摄取维生素 B_{12}。

三、钴的生理作用

钴是维生素 B_{12} 的组成成分，是一种独特的营养物质，有造血功能，能够促进各种物质的代谢，被列为人体必需的微量元素。钴能刺激促红细胞生成素的生成，促进胃肠道内铁的吸收，还能加速贮存铁的动员使之进入骨髓利用。钴还参与核酸、胆碱、甲硫氨酸的合成及脂肪与糖代谢。

四、钴与儿童健康

缺钴会干扰维生素 B_{12} 的形成和红细胞的生长发育，可使儿童发生巨细胞性贫血、急性白血病、口腔及舌的溃疡、炎症及骨髓疾病等。钴可维持核酸的正常代谢，当其缺乏时可干扰 DNA 的复制，使之产生误差，导致细胞的某些功能退化、代谢异常甚至造成细胞死亡。钴过量还可引起毒性反应，摄入过多的钴盐可引起心肌炎、胃肠功能紊乱、耳聋、甲状腺吸收碘的能力减弱和甲状腺肿大等。过量的钴还会改变酶的活性，从而降低人体的防御能力，激活已进入体内的肿瘤病毒，导致组织癌变。

五、钴的检测与营养状况评价

钴的检测方法包括分光光度法、原子吸收光谱法、极谱法、高效液相色谱法、化学发光法、电感耦合等离子体发射光谱法、电感耦合等离子体质谱法等。

目前多采用血浆或血清维生素 B_{12} 水平来评价人体维生素 B_{12} 状况。但有研究提示，血浆甲基丙二酸和同型半胱氨酸水平能够比血液维生素 B_{12} 水平更好地提示膳食维生素 B_{12} 缺乏。

六、钴的来源与摄入量

现已知钴的功能就是维生素 B_{12} 的功能，通常通过维生素 B_{12} 的量来确定钴的需要量。动物性食物富含维生素 B_{12}，正常饮食和吸收良好的人一般不会出现维生素 B_{12} 缺乏。

《中国居民膳食营养素参考摄入量(2023 版)》也未予以推荐钴的建议量，在此参考维生素 B_{12} 的推荐量(表 2-17)。

表 2-17 维生素 B_{12} 的膳食参考摄入量(μg/d)

年龄	RNI	EAR	UL
0 岁~	0.3*	—	—
0.5 岁~	0.6*	—	—
1 岁~	1.0	0.8	—
4 岁~	1.2	1.0	—

续表

年龄	RNI	EAR	UL
7岁~	1.4	1.2	—
9岁~	1.8	1.5	—
12岁~	2.0	1.7	—
15~17岁	2.5	2.1	—

注：RNI：推荐摄入量；EAR：估计平均需求量；UL：可耐受最高摄入量；*：AI值；—：未制定。

引自：中国营养学会.中国居民膳食营养素参考摄入量(2023版).北京：人民卫生出版社,2023。

七、儿童钴缺乏的防治

1. 口服氯化钴 用以治疗贫血，每天2~4mg/kg，分3次口服，疗程3个月为宜。副作用有消化道反应、心动过速和心律不齐、甲状腺肿大、多毛、痤疮和皮肤色素沉着，停药后会自动消失。

2. 食用含钴食物 食物钴含量以海产品及蜂蜜最多。肉类食物是钴的良好来源，动物肝脏含丰富的维生素B_{12}。

(1) 含钴丰富的食物：牛肝、蛤肉类、小羊肾、火鸡肝、小牛肾、鸡肝、牛胰、猪肾及其他脏器。

(2) 含钴较多的食物：瘦肉、蟹肉、沙丁鱼、蛋和干酪。

(3) 含钴一般的食物：牛奶、酸奶、家禽肉。

(4) 含钴微量的食物：面包、谷物、水果、豆类、蔬菜。

八、钴过量的诊治

使用钴盐(氯化钴)时，可能由于摄入过量引起钴中毒，常表现为皮肤潮红、胸骨后疼痛、恶心、呕吐、耳鸣及神经性耳聋，还可出现红细胞增多症，重者导致缺氧、发绀、昏迷甚至死亡。如治疗不及时，可直接或间接影响小儿智力发育。因此要严格掌握钴盐的使用剂量，出现胃肠道反应时立即停用。食物中增加蛋白质和维生素 C 的含量,避免食用被钴污染的食物和饮水,发现钴中毒应及时洗胃,口服豆浆、蛋清,服用半胱氨酸,维持体内水盐平衡。

(吴文献 黄 哲)

第十节 锰

锰(Mn)是一种金属元素,原子序数为 25,平均相对原子质量为 54.938。锰是各种代谢和抗氧化酶的辅助因子,是 DNA 和 RNA 聚合酶的激活剂,参与蛋白质、激素、维生素的合成,在人体多个系统的结构和功能中起重要作用。

一、锰的理化性质

纯锰呈灰白色或银白色,有金属光泽。纯净的锰是比铁稍软的金属,含少量杂质的锰坚硬而脆,潮湿处会氧化。熔点 1 244℃、沸点 2 095℃,常见化合价是 +3 价。

锰广泛存在于自然界中,属于比较活泼的金属,加热时能和氧气化合,易溶于稀酸生成二价锰盐。锰是活泼金属,在氧气中燃烧,在空气中表面被氧化,和卤素可直接化合生成卤化物。

二、锰的吸收与代谢

锰主要经消化道、呼吸道、皮肤吸收进入人体,以 +3 价的形式生成磷酸盐蓄积于线粒体组织。主要蓄积在消化道器官,吸收过量的锰可在中枢神经系统内蓄积,体内的锰 70% 经肝脏分泌,随胆汁排泄入粪,20% 左右经肾脏随尿排出,其余经其他途径排泄。

三、锰的生理作用

锰是各种代谢和抗氧化酶的辅助因子,是数十种酶的组成成分,是 DNA 和 RNA 聚合酶的激活剂,参与蛋白质、激素、维生素(B、C、K)的合成,对遗传信息的传递、生长发育、繁殖、骨的形成与分化、中枢神经系统的结构和功能起重要作用。锰参与中枢神经递质的传递作用,故缺锰可致子代脑发育不良。

四、锰与儿童健康

锰元素在体内的生理作用主要取决于其剂量,过低或过高均会对人体产生负面影响。随着工业化进程的加快,锰污染问题日趋严重,对生活在工业区附近的孕妇和儿童等易感人群影响尤为显著。生命早期儿童各器官尚处于发育完善阶段,对锰的神经毒性作用更为敏感。

研究表明,动脉硬化发病率高的人群中,主动脉内铬、锰、铜的含量明显减少,而冠心病发病率低的亚洲及非洲人则无此现象,因此认为缺锰与动脉硬化有关,锰能改善动脉粥样硬化患者的脂质代谢,防止实验性动脉粥样硬化的发生。实验研究还发现动脉粥样硬化患者的心脏及主动脉内含锰量减少,血浆内含锰量增高。锰有驱脂作用,能影响动脉硬化患者的脂质代谢,这可能是锰能防止实验性动物动脉粥样硬化和改善患者病情的原因之一。近来有人指出,心肌梗死后血清锰和镍的含量迅速地增高,因此,测量血清锰含量的高低,可以较为可靠地诊断早期心肌梗死。

锰对骨骼发育也有明显影响。缺锰会导致骨骼异常,其影响程度与年龄有关。胎儿期缺锰影响严重,由于骨骼发育不全,使四肢骨骼与关节异常。缺锰还可影响生殖功能,表现为卵巢功能障碍、睾丸变性、乳汁分泌不足、习惯性流产等。人们每天都会从食物中获得一定数量的锰,但如果较长时期单纯食用某些含锰较少的食物,就有可能出现机体缺锰的状况,尤其是正在发育的儿童更容易出现这种情况。如果儿童出现体重下降、皮炎和头发变白,首先应考虑锰吸收不足。

锰中毒与锰毒性脑病:锰虽然是人体不可缺少的微量元素之一,但是接触和吸收过多的锰也会引起中毒,环境受到锰的污染是引起锰中毒的主要原因。锰中毒主要表现为神经系统方面的症状,这是因为锰能破坏中枢、周围神经系统的交感肾上腺素结构,从而造成神经病变。此外,锰中毒还易造成内分泌紊乱、遗传素质变化等。锰中毒的初期表现大多为身体疲乏无力,肌肉痛,头痛,头晕,人的情绪和性格也逐渐发生改变,可表现为冷漠或多语,性欲减退,动作笨拙、不协调等,中度中毒时会表现发音困难、行路障碍、语言单调、说话迟缓、口吃、表现呆痴,甚至好哭好笑、动作迟缓、后退困难。中毒晚期患者表现为肌肉僵直、写字困难、震颤、身体前倾、完全不能后退,这就是锰毒性脑病。

五、锰的检测与营养状况评价

对于饮食中锰离子含量的测定方法非常多,迄今为止,文献报道中常采用光谱分析法、色谱分析法和电化学分析法。

1. 光谱法 光谱法是一种基于物质发射的辐射能或辐射能与物质相互作用,测量由物质内部发生量子化的能级之间的跃迁而产生的发射、吸收或散射辐射的波长和强度进行分析的方法。

对于食品中金属锰离子的光谱法检测主要基于电子能级跃迁,其吸收或发射光谱的波段范围在紫外-可见光区(200~800nm)。光谱法可以分为原子光谱法与分子光谱法,主要包括原子吸收光谱法(AAS)、原子发射光谱法(AES)、原子荧光光谱法(AFS)、紫外-可见吸收光谱法(UV-Vis)、分子荧光光谱法(MFS)、分子磷光光谱法(MPS)和化学发光分析法。

2. 色谱法 色谱法又称为"层析法""色谱分析""色谱分析法",在分析化学、有机化学、生物化学等领域都有着非常广泛的应用。色谱法是一种重要的现代分离分析方法,实现色谱分离的外因是流动相的不间断的流动,内因是固定相与被分离的各组发生的吸附（或分配）作用的差别，在两相中反复多次分配，使微小的差别被扩大，从而各个组分依次从色谱柱上洗出，根据各组分的色谱流出曲线中峰的面积、高度和位置，可对各组分进行定量和定性分析。

3. 电化学分析法　电化学分析法是根据物质在溶液中的电化学性质及其变化来进行测定，建立在以电导、电位、电流和电量等电参量与被测物含量之间的关系的基础之上的仪器分析方法。

六、锰的来源与参考摄入量

食物中茶叶、坚果、粗粮、干豆含锰最多，蔬菜和干鲜果中锰的含量略高于肉、乳和水产品，鱼肝、鸡肝含锰量比其肉多。一般荤素混杂的膳食，每日可供给 5mg 锰，基本可以满足需要（表 2-18）。

表 2-18　锰的膳食参考摄入量（mg/d）

年龄	男*	女*	UL
0 岁~	0.01	0.01	–
0.5 岁~	0.7	0.7	–
1 岁~	2.0	1.5	–
4 岁~	2.0	2.0	3.5
7 岁~	2.5	2.5	5.0
9 岁~	3.5	3.0	6.5
12 岁~	4.5	4.0	9.0
15~17 岁	5.0	4.0	10

注：*：AI 值；UL：可耐受最高摄入量；—：未制定。
引自：中国营养学会. 中国居民膳食营养素参考摄入量（2023 版）. 北京：人民卫生出版社，2023.

七、儿童锰缺乏的防治

锰是维持正常脑功能必不可少的元素，缺锰可导致严重智力低下,儿童易患惊厥、癫痫及龋齿;可影响生殖能力,有可能使后代先天性畸形、骨和软骨的形成不正常及葡萄糖耐量受损。另外,锰的缺乏可引起神经衰弱综合征,影响智力发育,还可导致胰岛素合成和分泌降低,影响糖代谢。

锰在胎儿及儿童的生长发育过程中具有十分重要的作用。随着近年来工业的快速发展以及锰的应用增多,锰污染问题十分严峻,目前有多种途径会导致生命早期锰暴露,导致锰在体内的含量过高,对儿童的生长和发育造成不利影响。锰污染对儿童健康的影响不容忽视,孕期应合理控制锰的摄入,在儿童生长发育阶段应寻找合理的措施应对儿童锰暴露问题。然而,孕期锰含量过低也会对胎儿生长产生负面影响。因此,合理范围的锰摄入对于儿童尤其生命早期神经发育具有至关重要的作用。针对处于高锰暴露的儿童,应积极寻找有效的防治措施;同样,对于锰摄入不足儿童,需在密切监测血锰及生理功能的基础上,给予补充,减轻低锰对机体的不可逆损害,改善儿童生活质量。

八、锰过量诊治

有研究显示,在肝功能受损和/或胆道不通畅的患者中发现锰中毒,患者的脑 MRI 检查呈明显异常,中毒减轻后此异常亦随之改善。此外,关于锰的口服毒性问题虽然还没有定论,但已经有一些报告提示这一问题值得充分重视与研究。例如,有研究发现神经系统功能障碍者脑中锰浓度高于正常,有暴力行为者体内锰浓度高于正常。

对氨基水杨酸钠(sodium para-aminosalicylic,PAS)有驱锰作用,治疗期间尿锰排出量约为治疗前 1.5~15.4 倍,而且患者自觉症状和体征有所改善。PAS 不易透过丘脑屏障,其驱锰作用可能为通过有效地清除外周组织的锰,促使脑锰逐渐转移到外周血液的低浓度环境。此外,PAS 具有低分子量、空间障碍少及能迅速接近作用部位等特点,极有可能进入脑组织直接发挥驱锰作用,解除锰对神经细胞及其溶酶体及能量代谢酶的毒性影响,保证神经递质合成、传递功能的正常进行及脑内多巴胺水平逆转。同时,乙酰胆碱酯酶(AChE)活性的恢复使积聚在神经突触的乙酰胆碱(ACh)得到分解,降低了中枢胆碱能的突触功能,从而改善了帕金森病的症状。目前国内外采用多巴胺替代疗法均获得较好效果,这也证实了脑内多巴胺水平在发病中起着重要作用。但应注意大剂量用药可产生耐受性,停药后有反跳现象。有人认为,左旋多巴、苯海索和能量合剂等药物辅以血疗,可能是治疗慢性锰中毒的有效方案。

(吴文献　黄　哲)

第十一节　钼

钼(Mo)是一种金属元素,原子序数为42,平均相对原子质量为95.95。钼作为人体生命必需的微量元素,是人体需要的生命元素。在人体中钼的含量虽低,但它们是人体内的生理活性物质、有机结构中的必需成分,必须通过食物摄入。钼缺乏或过多将导致腹泻、生长停滞、体质下降等。

一、钼的理化性质

钼单质为银白色,有金属光泽,硬而坚韧,熔点2 610 ℃、沸点5 560 ℃。钼在地球上的蕴藏量较少,其含量仅占地壳含量的0.000 11%,常温下不被空气氧化,不溶于盐酸或氢氟酸,可溶于热浓硫酸、硝酸和熔融硝酸钾。钼的氧化态有+2价、+4价和+6价,稳定价为+6价。

二、钼的吸收与代谢

钼元素主要通过食物进入人体内,其摄入量与膳食有很大的相关性。一般情况下,正常饮食即可满足人体所需钼元素。食物中钼元素在体内容易被吸收,吸收率可达 90.5%。而膳食中的各种硫化物可干扰钼吸收。人体所吸收的钼大部分会迅速代谢,以钼酸形式通过尿液排出。

三、钼的生理作用

人体各种组织都含钼,成人体内钼总量为 9mg,肝、肾中含量最高。

钼元素作为人体多种酶的辅基的重要成分,在人体内的重要生物功能是组成金属酶——钼酶,在氧化代谢中发挥着极其重要的作用。钼元素以氧化钼的形态存在于人体中,能够促进碳水化合物和脂肪的代谢,有助人体的生长发育,合成黄嘌呤氧化酶、醛氧化酶、亚硫酸氧化酶等多种酶。此外,钼元素对人体的心血管具有特殊的保护作用。

四、钼与儿童健康

研究表明,许多癌症(如食管癌、肝癌、直肠癌、宫颈癌、乳腺癌等)都与缺钼有一定关系。除此之外,钼对龋齿有明显的预防作用,缺钼地区儿童龋齿发病率很高,增加钼的摄入量可起到明显的防龋齿作用。实验证明,钼缺乏会引起心跳加速、呼吸加快、头痛、夜盲、贫血、神经功能紊乱和恶心、呕吐等症状。

五、钼的检测与营养状况评价

目前,钼的检测方法有示波极谱法、分光光度法、石墨炉原子吸收光谱法、EDTA 滴定法等,以石墨炉原子吸收光谱法、分光光度法较为常用。

钼主要由呼吸道和消化道吸收,六价水溶性钼化合物可迅速由肠道吸收,不溶性钼化合物如三氧化钼和钼酸钙在大量摄入时也可由肠道吸收,但二硫化钼不被吸收。钼的吸收率为 40%~60%。

人体内钼有两个主要的排泄途径,其中最主要的是通过尿液排出,排泄量为 370~450μg/L,由粪便中排出的量约为尿的 1/2。此外,胆汁也是重要的排泄途径,食用含硫酸盐过多的食物可促进钼的排泄。

六、钼的来源与参考摄入量

钼元素广泛存在于各种食物中,含量丰富的有豆类(黄豆、蚕豆、赤豆),菌藻类(紫菜、海带、黑木耳),动物性食品(鱿鱼、海参、猪肝),谷类(籼米、面粉、玉米)。蔬菜、水果中的钼含量相对较少(表 2-19)。

表 2-19 钼的膳食参考摄入量(μg/d)

年龄	RNI	EAR	UL
0 岁~	3*	—	—
0.5 岁~	6*	—	—
1 岁~	10	8	200
4 岁~	12	10	300
7 岁~	15	12	400
9 岁~	20	15	500
12 岁~	25	20	700
15~17 岁	25	20	800

注:RNI:推荐摄入量;EAR:估计平均需求量;UL:可耐受最高摄入量;*:AI 值;—:未制定。

引自:中国营养学会.中国居民膳食营养素参考摄入量(2023 版).北京:人民卫生出版社,2023。

七、儿童钼缺乏的防治

由于人体对钼的需求量很小,且钼广泛存在于各种食物中,因而迄今尚未发现在正常膳食条件下发生钼缺乏症。

八、钼过量诊治

人体内的钼与锌、铜、锰等微量元素有相互拮抗作用,以上元素可抑制干扰人对钼的吸收。过多的钼可与铜形成难溶的钼化铜而不能被利用,同时干扰钙、磷代谢,导致骨骼代谢紊乱,使儿童患佝偻病及软骨病。

(吴文献　黄　哲)

第十二节　铬

铬(Cr)是一种金属元素,原子序数为24,平均相对原子质量为51.996。铬是人体必需的微量元素,是胰岛素的协同因子,在人体糖和脂肪的代谢中起重要作用。铬在人体中含量不多,但分布很广,缺少时可引起糖代谢紊乱等多种疾病。

一、铬的理化性质

纯铬呈银白色,是自然界硬度最大的金属,熔点1 907℃,沸点2 679℃。常见的铬化合物有六价铬,如铬酸酐、重铬酸钾、重铬酸钠、铬酸钾、铬酸钠;三价铬,如三氧化二铬;二价铬,如氧化亚铬。不同价位的铬化合物可通过氧化还原作用相互转化。

铬在地壳中的含量为0.01%,居第17位。铬在酸中一般以表面钝化为其特征。去钝化后即易溶解于几乎所有的酸中。在高温下被水蒸气所氧化,可溶于强碱溶液。铬具有很高的耐腐蚀性,在空气中,即便是在炽热的状态下,氧化也很慢,镀在金属上可起保护作用。

值得注意的是,六价铬对人体有毒性,因此在工业过程中需要注意对其的控制和处理。一些行业产生的废水和废弃物中可能含有六价铬,如果处理不当,可能会对环境和人类健康造成危害。

二、铬的吸收与代谢

铬的化合物可经呼吸道、消化道、皮肤和黏膜进入体内。在正常人的器官和组织中,铬主要分布在头发、指甲、胆汁和骨骼中。另外,铬也是内分泌腺的组成成分之一。尽管在机体内和许多食物中都含铬,但若血液中铬含量超过 0.02mg/L,可致严重疾病。通过消化道进入机体的铬主要分布在肝脏和肾脏,而通过呼吸道进入机体的铬则易蓄积在肺组织。人体中的铬主要经粪、尿排出体外,乳汁也可排出少量的铬。铬在人体内的生物半排出期为 27 天。尿铬正常值一般为 $1\sim7\mu g/L$ 或 $8\mu g/d$。发铬的正常值为 $0.69\sim0.96\mu g/g$。尿铬、发铬是判定环境污染危害的重要指标。

三、铬的生理作用

铬的生理功能主要体现在与其他调控代谢的物质(如激素、胰岛素和各种酶类)协同作用。铬是葡萄糖耐量因子的组成部分,对调节体内糖代谢,维持正常的葡萄糖耐量起重要作用;参与脂肪代谢,促进碳链及醋酸根渗入脂肪,并加速脂肪氧化;有利于动脉壁脂质的运输和清除;参与蛋白质和核酸代谢,促进血红蛋白的合成。

四、铬与儿童健康

人体缺乏铬,会抑制胰岛素的活性,影响胰岛素正常的生理功能,使糖和脂肪的代谢受阻。因此,人体铬缺乏会引起糖耐量受损和胰岛素的敏感性退化,扰乱蛋白质的代谢,造成角膜损伤,血糖升高,糖尿病,动脉粥样硬化,生长不良。

严重缺铬会引起机体血液渗透压的改变,进而导致眼睛晶状体渗透压的变化,房水易进入晶状体内,促进晶状体变凸,屈光度增加,产生近视。

六价铬很容易被人体吸收,它可通过消化道、呼吸道、皮肤及黏膜进入人体,呼吸空气中不同浓度的铬酸酐可导致不同程度的沙哑、鼻黏膜萎缩,严重时还可使鼻中隔充血、糜烂、溃疡,以致穿孔,铬化合物还可引起支气管哮喘。经消化道侵入时可引起呕吐、腹痛。经皮肤侵入时会产生皮炎、湿疹和溃疡。此外,还可出现多发性口腔黏膜溃疡、咽部糜烂、齿龈炎、中毒性肝病肾炎、贫血和眼结膜炎。长期或短期接触或吸入铬可有致癌危险。

低铬也可引起低密度脂蛋白增多,引起高脂血症,诱发动脉粥样硬化症。

五、铬的检测与营养状况评价

铬元素的常用检测方法主要包括原子吸收光谱法、原子荧光光谱法、原子发射光谱法、电感耦合等离子体质谱法和X线荧光光谱法。食品中铬的测定通常采用高压消解、干法灰化等方法,通过仪器测试条件、标准曲线制作以及试样测定来计算试样中铬的含量。

六、铬的来源与参考摄入量

铬的最好来源是肉类,尤其是肝脏等动物内脏。红糖、全谷类糙米、未精制的油、小米、胡萝卜、豌豆含铬较高。在日常饮食中应注意通过这些食物补充铬元素,特别是糖尿病患者更加应该增加铬元素的摄入量(表2-20)。

表 2-20　铬的适宜摄入量(AI)、可耐受最高摄入量(UL)（μg/d）

年龄	男	女	UL
0 岁~	0.2		－
0.5 岁~	5		－
1 岁~	15		－
4 岁~	15		－
7 岁~	20		－
9 岁~	25		－
12 岁~	33	30	－
15 岁~	35	30	－

注：—：未制定。

引自：中国营养学会.中国居民膳食营养素参考摄入量(2023 版).北京：人民卫生出版社,2023。

七、儿童铬缺乏的防治

铬缺乏主要原因是食物中含铬过低或因疾病导致的消化吸收不良、消耗过多。

1. 摄入不足

(1)丢失过多：据统计，食品精加工后铬丢失量分别为：面粉 40%、脱脂牛奶 50%、大米 75%、白糖(从红糖加工)90% 以上。

(2)食用在缺铬土壤中生长的食物可引起缺铬。

(3)饮用水中缺铬：如居住在耶路撒冷周边难民营的儿童均缺铬，而居住在约旦难民营的儿童则不缺铬，两地难民营均由联合国难民救济署统一供给完全相同的食品，调查原因时发现，耶路撒冷难民营儿童饮用水中铬含量比约旦难民营儿童的饮用水中的铬含量少 3 倍。

2. 消耗过多 烧伤、感染、外伤、体力消耗过度及发热等均可使铬消耗量增大,尿铬排出增多,引起铬缺乏。

对疑为缺铬的儿童,应多吃含铬高的食品,如海藻类、菌类、鱼类、蛋类、奶制品、动物肝脏、牛肉、鸡肉、全麦面粉、红糖、酵母、葡萄、萝卜、绿豆、赤豆、豌豆等,或在食品中添加适量氯化铬,同时治疗增加铬消耗的疾病。诊断为缺铬的患者可口服氯化铬,并注意多吃含铬高的食物,以防复发。

八、铬过量诊治

对于铬接触儿童应尽量避免再次直接接触。当铬进入眼内应立即用大量流动水冲洗,再用氯霉素滴眼液(溅入碱性液时)或磺胺醋酰滴眼液(溅入酸性液时)滴眼,并用抗生素眼膏,每日3次。严重时应立即就医。让儿童养成不挖鼻孔的好习惯,以防止铬化合物损害鼻黏膜。

由于三价铬的毒性较低,食物中含铬较少且吸收利用率低,以及安全剂量范围较宽等原因,尚未见膳食摄入过量铬而引起中毒的报道。但研究发现接触铬化合物可发生过敏性皮炎、鼻中隔损伤,肺癌发生率上升等现象。

(吴文献 黄 哲)

第十三节 氟

氟(F)是一种非金属化学元素,原子序数为9,平均相对原子质量为18.998。氟元素为人体必需的微量元素之一,适量氟摄入对牙齿、骨骼有益,而过量则导致氟中毒,特别是在儿童时期受到氟的影响更为严重。

一、氟的理化性质

氟在标准状态下是淡黄色气体,有剧毒,腐蚀性很强,液化时为黄色液体,在 -252℃时变为无色液体。熔点为 -219.66℃,沸点为 -188.12℃。

氟的化学性质极为活泼,能同所有其他元素化合,与溴、碘、硫、磷、碳、硅等物质在低温下就可猛烈化合。氟离子体积小,容易与多种正离子形成稳定的配位化合物。

二、氟的吸收与代谢

氟是人类生命活动必需的微量元素之一,人体每日需氟量约为 1.0~1.5mg。

氟吸收的部位主要是肠和胃,从肠、胃吸收的氟能很快进入血液。血液内的氟分为离子型和非离子型两种。非离子型氟与血浆蛋白结合,不能发挥生理作用;离子型氟以氟化物的形式参与运输,并很快进入组织、唾液、肾脏,大量聚集在骨骼及牙齿内。骨骼可称为人体的"氟库"。

氟主要经尿排泄,汗液和粪便也可以排泄一定量的氟,唾液、眼泪、头发和指甲等亦可排出极其少量的氟。

三、氟的生理作用

氟被牙釉质中的磷灰石吸附后,可在牙齿表面形成一层抗酸性腐蚀的、坚硬的氟磷灰石保护层,有防止龋齿的作用。氟是生物钙化所需要的物质。适量的氟有利于钙和磷的利用及在骨骼中沉积,可加速骨骼形成,促进骨骼生长,增加骨骼硬度,维护骨骼的健康。

由于牙釉表面有大量的 Ca^{2+} 和少量的 PO_4^{3-},在无氟条件下,唾液蛋白质很快吸附于釉表面,形成获得性薄膜,为细菌产生创造条件,形成菌斑。如氟接触釉面,由于 F^- 与 Ca^{2+} 有高度的亲和性,氟竞争性地吸附于釉表面，干扰酸性蛋白质的吸附，同时釉质中部分羟基磷灰石的 OH^- 被 F^- 置换后，会增强釉质强度值，降低羟基磷灰石的溶解性，促进牙釉质再矿化，对早期龋起到修复作用。

适量的氟可以改善人体甲状腺、胰腺、肾上腺、性腺等内分泌功能，从而使各种脏器和器官免受损伤，对生长发育和繁殖意义重大。

四、氟与儿童健康

氟元素为人体必需的微量元素之一，适量的氟摄入对牙齿、骨骼有益，而摄入过量则导致氟中毒，特别是对生长发育的儿童影响尤为严重。

1. 低氟对人体健康的危害 低氟对人体的危害一般不易被注意，其危害的较明显表现是龋齿的发生。临床研究发现，氟化物可以通过降低牙釉质的溶解度和促进矿物质的补充，影响牙齿形态学结构及其对菌斑作用，从而减少龋齿。当氟缺乏时，还可影响机体的生长发育和生殖能力，也能影响铁的吸收利用和造血功能，导致贫血。

2. 高氟对人体健康的危害 一般情况下，人体每日摄入氟含量超过 4mg，就能产生毒副作用。摄入氟过量可使牙齿造釉细胞受损导致其变性剥离，进而影响釉基质合成和正常钙化过程，形成釉质发育不良，出现小窝且发脆，形成氟斑牙，严重者可合并全身性氟骨症，影响体内氟、磷、钙的正常比例，导致骨骼畸形、关节病变，甚至脊柱硬化。高氟可以损害肾脏，增加尿石症发病率。流行病学调查证实，氟中毒地区尿石症的发病率显著高于非氟中毒地区，其主要原因是氟能增加胃肠道对钙的吸收，使体内钙增多，血液中的 Ca/P 比值增高，这种比例失调有利于尿石的形成。另一方面，尿中的钙含量增加后，可与氟结合形成难溶的氟化钙，通过异质成核作用成为尿石形成的潜在因子。高氟还可以损害肝脏、大脑，影响免疫功能。长期吸入氟化氢、氟烷烃类污染空气，会导致头晕、头痛、乏力、嗜睡或失眠等中枢神经系统中毒表现。此外，这些污染物会刺激呼吸系统及眼、鼻黏膜，导致发炎、溃疡、萎缩和肺纤维化。过量的氟也可导致人体中铜缺乏，限制原卟啉结合铁，引起氟化物中毒性贫血，并增加甲状腺肿的发病率。饮水是人体氟的主要来源，水氟含量与氟中毒病情关系密切。有报道称，水氟浓度为 2mg/L 时会导致明显的氟斑牙，8mg/L 时约有 10% 的人群出现骨硬化，20~80mg/L 时出现致残性氟中毒。还有报道称，当食物和饮水中氟浓度为 50mg/L 时，甲状腺会发生改变，100mg/L 时会影响其生长发育，2.5~5g/L 时将导致患者死亡。因此，在关注高氟对人体的危害时，应对水氟含量予以高度重视。

五、氟的检测与营养状况评价

（一）氟的检测

检测方法主要有氟试剂分光光度法、氟离子选择性电极法、极谱法、流动注射光度法、离子色谱法等。离子色谱技术是近年发展起来的一种独特有效的微量离子分析技术，该方法用时短、操作快捷，在十几分钟内就可检测出多种离子浓度。

（二）氟的营养状况

地方性氟重毒正在严重危害着人们的健康，由于这种疾病的特殊性，采取有力措施进行预防至关重要。我国已制定了预防地方性氟中毒的总摄氟量标准限值，但尚未指出最低需要量，有待进一步补充完善。同时，制定饮用水、空气、粮食、蔬菜中氟的卫生标准也是很有必要的。含氟牙膏使用不当可能导致氟中毒，在高氟地区应禁用含氟牙膏，在低氟地区也应谨慎使用。

六、氟的来源与参考摄入量

人体内含氟量 2.6g 左右，主要在骨骼、牙齿、指甲、毛发中。每日约摄入 2.4mg 的氟，大部分由尿排泄，每日排出约 2.4mg（表 2-21）。

表 2-21 氟的适宜摄入量(AI)、可耐受最高摄入量(UL) (mg/d)

年龄	AI	UL
0 岁~	0.01	−
0.5 岁~	0.23	−
1 岁~	0.6	0.8
4 岁~	0.7	1.1
7 岁~	0.9	1.5
9 岁~	1.0	2.0
12 岁~	1.4	2.4
15~17 岁	1.5	3.5

注:—:未制定。
引自:中国营养学会.中国居民膳食营养素参考摄入量(2023 版).北京:人民卫生出版社,2023。

七、儿童氟缺乏的防治

儿童每天可以通过水(如含氟水)、固体食物(如罐头鱼)、空气(如城市空气)、工业环境(如严重粉尘)和含氟制品(如含氟牙膏)等途径摄入或多或少的氟化物。纠正和改变儿童不健康的行为方式,倡导平衡膳食与健康生活方式即可预防氟的缺乏。严重缺乏者可用含氟制品(如氟化钠片)。

八、氟过量诊治

氟是人体必需的微量元素之一,但氟过量可导致中毒。主要病因有饮用高氟水、食用高氟食品、燃煤污染、工业三废污染等。氟中毒主要表现为牙齿和骨骼的损害,同时也可出现中枢神经系统、免疫系统、肌肉、胃肠道等一系列症状。此外,氟过量也是心血管疾病、癌症的诱因之一。

摄入过量的氟会造成骨骼和牙齿的损害,表现为斑釉症和氟骨症,同时对机体的免疫功能也有损害。铝盐和钙盐可降低氟的吸收,脂肪会提高氟的吸收,所以少吃动物性食物,少喝茶,多吃新鲜的蔬菜和水果能有效避免氟的吸收,改善症状。地方性氟中毒并无特效疗法,当前治疗的原则是补充钙,减少氟的吸收并增加氟的排出。供给合理平衡的膳食,适量地补充钙、B族维生素和维生素C,对防治氟中毒有比较明显的效果。

(吴文献 黄 哲)

第十四节 钾

钾(K)属于碱金属元素,原子序数是19。钾在自然界不以单质形态存在,而是以盐的形式广泛分布于陆地和海洋中。1807年,英国化学家 Humphry Davy 分离出金属钾并命名为 Potassium。钾元素是人体肌肉组织和神经组织中的重要成分之一,在人体细胞内参与糖和蛋白质代谢,维持细胞渗透压、酸碱平衡及神经肌肉兴奋性。

一、钾的理化性质

钾的原子质量39.098,具有28种放射性核素。其为银白色金属,质地软,易切割,密度 $0.862g/cm^3$,熔点63℃,沸点770℃。钾是热和电的良好导体,与钠形成的合金熔点仅12℃,可用作核反应堆导热剂。钾离子能使火焰呈紫色,可通过焰色反应和火焰光度计检测。钾的化学性质比钠更活泼,仅次于铯和铷。其在空气中易被氧化,形成氧化钾和碳酸钾。钾在氧气环境中加热可燃烧,生成氧化钾或过氧化钾。钾与液氨反应生成可导电深蓝色液体,久置或在铁催化下会分解为氢气和氨基钾。钾的液氨溶液与氧气反应生成超氧化钾,与臭氧作用生成橘红色臭氧化钾。钾与水反应可生成氢氧化钾和氢气,反应时放热可使金属钾熔化并燃烧。钾与氟、氯、溴、碘都能反应,生成相应的卤化物。钾不与氮气反应,但与氨反应能生成氨基钾并放出氢气。钾与汞作用会发生强烈放热反应,形成的钾汞齐是还原剂,与水反应不剧烈。钾的氧化态为 +1,只形成 +1 价的化合物。

二、钾的吸收与代谢

(一) 钾的来源

钾在动植物食品中含量丰富,人体所需的钾完全来源于食物,健康人每日摄入的钾足够生理需要。钾在人体内的吸收效率很高,由小肠吸收后,储存于全身细胞内。从膳食中摄入的钾与细胞内的钾达到相互平衡有一个约 15 小时的滞后期。

(二) 钾的代谢特点

正常人体排钾的主要途径是尿液,80% 以上的钾由尿排出。肾脏对钾的排泄能力很强,而且比较迅速。在肾功能良好时,排钾量与人体钾摄入量大致相等,过多钾摄入不会引起血钾的异常增高,在摄入钾极少时,肾脏仍会排出一定量的钾,甚至在停止摄入钾时,每日还可从尿中排出 20~40mmol 钾(约占总体钾的 1%)。钾经粪便排出得很少,约占摄入量的 10%,只有在严重腹泻和呕吐时,由于排出大量含钾丰富的消化液,才会造成大量的钾丢失。汗液也是钾的一个排出途径,但平常排泄量很少,仅在大量出汗时才可造成一定量的钾流失。

三、钾的生理作用

钾是人体内重要的阳离子之一,98% 的钾以钾离子的形式贮存于细胞内液(主要在肌肉、皮肤、红细胞、骨、脑、肝等中)。正常人体血清中含钾 3.5~5.5mmol/L,平均 4.2mmol/L。钾不仅参与糖、蛋白质的代谢,还对维持细胞渗透压、酸碱平衡及神经肌肉兴奋性有重要意义。

（一）维持细胞的正常代谢

钾与糖、蛋白质及能量代谢中的酶活动关系密切。葡萄糖、氨基酸经细胞膜进入细胞合成糖原和蛋白质时，会携带相应的钾离子进入细胞内。如合成 1g 糖原约有 0.33mmol/L 钾进入细胞内，合成 1g 蛋白质约有 0.44mmol/L 钾进入细胞内。此外，三磷酸腺苷（ATP）合成，胰岛素从胰岛 B 细胞释放等过程亦需钾离子的参与。相反，在组织分解代谢过程中，细胞内会释放过多的钾离子。故组织在生长、修复过程中，钾进入细胞内增多；而当组织破坏、溶血时，钾从细胞内释放，使血钾浓度升高，但此时并不伴有体钾升高。

（二）维持细胞内外渗透的相对平衡

细胞膜是半透膜，钾离子的直径为 3.96Å，故细胞膜对钾离子、氯离子具有通透性。由于细胞内、外离子的浓度差，静息电位时，细胞内的钾离子渗出于细胞外，少量氯离子则自细胞外渗入细胞内，故细胞膜外带正电，细胞膜内带负电，形成细胞膜电位差，成为人体生物电来源。

细胞内液与细胞外液电解质浓度不同，主要由于细胞内有耗能的钠-钾泵（Na^+-K^+-ATP 酶），即细胞代谢产生的能量主动将钠离子不断运出细胞外，将钾离子运入细胞内。每消耗 1 分子三磷酸腺苷（ATP），从细胞内泵出 3 个钠离子，同时泵入 2 个钾离子，使细胞内钾离子高于细胞外 25~30 倍，而细胞外钠离子、氯离子则大大高于细胞内。钠离子维持细胞外渗透压，细胞内钾离子浓度高，主要维持细胞内液渗透压，另一部分与蛋白质结合形成细胞原浆。由钠钾浓度形成的渗透压一直保持着动态平衡，而这个动态平衡通过钠-钾泵来实现。

钠-钾泵是生命存在的特征。当钠被排出细胞外时，细胞内代谢产物随之被排出细胞外，当钾被吸收入细胞内时营养物质亦随之进入细胞内。故细胞除通过渗透作用进行物质交换外，还能通过钠-钾泵主动进行物质交换和新陈代谢。

（三）维持细胞内外酸碱平衡及电离子平衡

钾对血液酸碱度有一定影响，过高或过低均对人体不利。肾小管有分泌钾的功能。如钾离子先从肾小球滤过,达到近曲小管时基本全部被重吸收,但在远曲小管及集合管又可被分泌出来。醛固酮作用的主要部位在远曲小管和集合管,其生理作用主要为"保钠排钾",即促进远曲小管对钠离子重吸收和钾、氢的分泌,可能因钠离子重吸收后使肾小管上皮细胞内与肾小管腔的电位差增大,促使钾离子和氢离子分泌入肾小管腔。血钾高促进醛固酮分泌,血钾低则减少其分泌。在钠与氢交换过程中,钾离子与氢离子有竞争作用。严重缺钾时,肾小管细胞内钾离子减少,氢离子分泌增多,氢离子与钠离子交换增强,钾离子与钠离子交换减少,结果氢离子自尿排泄增多,钾离子由尿排泄减少。反之,当血钾增多时,钾离子与钠离子交换增多,氢离子排泄减少,钾离子由尿中排泄增多,从而维持血钾浓度稳定。据此机制可解释当酸中毒时,由于氢离子排出多,钾离子排泄减少,可致高钾血症;碱中毒时氢离子排泄减少,钾离子排出增多,可致低钾血症。同理,低钾血症也可致碱中毒。一般认为,pH 值每升高或降低 0.1,血清钾会随之降低或升高 0.6mmol/L。血钾浓度高时可激活细胞膜上的钠-钾泵,促进钾进入细胞内。相反,低血钾时促进钾从细胞内转移到细胞外。

(四)维持神经肌肉细胞膜的应激性

细胞内钾与细胞外钠共同作用,激活钠泵,产生能量,维持细胞内外钾钠离子的浓度梯度,发生膜电位,使膜有电信号能力,膜去极化时在轴突发生动作电位,激活肌肉纤维收缩并引起突触释放神经递质。血钾降低时,神经肌肉细胞膜电位上升,极化过度,应激性降低,故肌肉呈弛缓性瘫痪。血钾过高时,细胞膜电位下降,但若电位降至阈电位以下,则细胞也不能复极,应激性丧失,也导致肌肉瘫痪。

(五)维持心肌正常功能

血钾对心肌和横纹肌的兴奋性有重要作用。钾过高时心肌自律性、传导性、兴奋性受抑制;缺钾时心肌兴奋性增高,均可表现为心律失常。在心肌收缩期,肌动蛋白与肌球蛋白和三磷酸腺苷(ATP)结合前,钾从细胞内转移到细胞外,舒张期又内移。缺钾或钾过多均可引起钾的转移,从而使心脏功能严重失常。钾协同钙和镁维持心脏正常功能。因腹泻、蛋白质严重缺乏而导致的儿童突然死亡,多数与失钾引起的心力衰竭有关。

（六）对激素的影响

胰岛素对调节细胞内外钾平衡起重要作用,它可促进钠-钾泵将细胞外液钾泵入细胞内,此作用与钾伴随葡萄糖进入细胞内无关。另外,血钾增高可促使胰岛素释放,低血钾抑制其释放,形成调节的反馈机制。儿茶酚胺能使复极相钾离子外流增快,从而使复极过程增快,复极相缩短,不应期相应缩短。不应期缩短意味着0期离子通道复活过程加快,这与儿茶酚胺使窦房结兴奋发放频率增加的作用相互协调,使心率增加。此外,儿茶酚胺对钾的影响因受体不同而异。α-受体激动剂可抑制钠-钾泵,降低细胞对钾的摄取,使血钾增高。相反,兴奋β受体有促进钠-钾泵的作用,促进细胞摄取钾,使血钾降低。

四、钾元素与疾病

钾可以调节细胞内适宜的渗透压和体液的酸碱平衡,参与细胞内糖和蛋白质的代谢。有助于维持神经健康、心律正常,可以预防脑卒中,并协助肌肉正常收缩。在摄入高钠而导致高血压时,钾具有降血压作用。

（一）低钾血症

1. 摄入不足 某些疾病造成婴幼儿进食及饮水量较长时间不足,会出现钾不足。另外,由于酸中毒或肾前氮质血症的影响,虽身体总钾量减少,血浆钾浓度可正常。而在脱水和酸中毒被纠正后,钾转入细胞内,可发生低钾血症。

2. 损失过量 ①消化道损失:呕吐、腹泻、胃肠引流、肠瘘管、腹腔漏出;②排尿损失:尿崩症、静脉补液过多、服用利尿药物;③体液损失:排出腹腔积液、胃肠梗阻、发热、大量出汗、呼吸急促、喘息、大面积烧伤等。

（二）高钾血症

1. 肾排钾减少,如肾衰竭、肾上腺皮质激素合成分泌不足的疾病、保钾利尿剂药物长期应用。

2. 细胞内钾移出。

3. 含钾药物应用、静脉用钾过量。

五、钾的检测与营养状况评价

(一) 钾的检测

正常情况下,血清钾的浓度在 3.5~5.5mmol/L,平均 4.2mmol/L。血清钾>5.5mmol/L 称为高血钾。血清钾<3.5mmol/L 称为低血钾。

钾检测中应注意假性高血钾,注意环节如下。

1. **采血过程造成的溶血** 止血带压迫时间长、前臂和手掌过度活动、乙醇可诱发溶血、小静脉抽血引发可见性溶血等。

2. **运输过程影响** 从采血到分离血清(或血浆)的时间超过 4 小时,包括标本的运送时间。

3. **血清(或血浆)分离前的温度** 血液标本暴露在不同的环境温度下,会影响血钾的检测结果。尤其要注意不同季节气温对新生儿血样的影响。

4. **重复离心** 凝块离心挤压过程中钾离子释放。

(二) 钾的营养状况

1. **钾损失过多** 严重腹泻者即使在尿潴留状态时,失去钾的可能性仍很大,假如使用利尿剂的话,将会失去更多的钾。

2. **食物的影响** 大量饮用咖啡、嗜好烟酒和爱吃甜食者、不吃主食(碳水化合物)减肥者,体内的钾含量也会下降。

3. **钾需要增多** 经常熬夜加班者、运动员等盐分摄取量多者,对钾的需求量相对较大,容易因缺钾而导致疲劳。

六、钾的来源与参考摄入量

钾作为一种宏量元素,是儿童营养方面至关重要的元素之一,小儿每日钾需要量为 1~2mmol/(kg·d)。

食物中大多含钾,尤以蔬菜、水果中含量丰富,乳类、肉、鱼及海藻类食物中钾含量也较多。含钾丰富的水果有猕猴桃、香蕉、草莓、柑橘、葡萄、柚子、西瓜等;蔬菜有菠菜、山药、毛豆、苋菜、大葱等;黄豆、绿豆、蚕豆、海带、紫菜、黄鱼、鸡肉、玉米面等食物也含有一定量的钾。各种果汁(特别是橙汁)也含有丰富的钾,而且能补充水分和能量。少年儿童每日膳食钾参考摄入量见表2-22。

表2-22 膳食钾参考摄入量(mg/d)

年龄	AI	PI
0岁~	400	—
0.5岁~	600	—
1岁~	900	—
4岁~	1 100	1 800
7岁~	1 300	2 200
9岁~	1 600	2 800
12岁~	1 800	3 200
15岁~	2 000	3 600

注:AI:适宜摄入量;PI:预防非传染性慢性病的建议摄入量;—:未制定。
引自:中国营养学会.中国居民膳食营养素参考摄入量(2023版).北京:人民卫生出版社,2023。

七、儿童低钾血症的防治

低钾血症与钾缺乏的意义不同,低血钾不一定有总体钾缺乏,如碱中毒可使血钾降低,但不一定缺钾;反之,钾缺乏时不一定有低血钾,如糖尿病酸中毒时有总体钾缺乏,但血钾可正常甚至升高。但多数情况是低血钾时也有总体钾缺乏,低血钾患者不管其总体钾是否缺乏,均有共同的临床表现。临床上只能测定血清钾而不能测定总体钾,故低钾血症的诊断意义更确切。血钾低于3.5mmol/L且有临床症状者,可诊断为低钾血症。

(一) 病因

1. 钾摄入不足 可见于食欲缺乏或因病禁食者,也可发生于消化道功能紊乱、慢性腹泻、吸收不良者。婴儿喂养不当、偏食、以甜食为主,盐摄入少也可导致钾摄入不足。另外,由于酸中毒或肾前氮质血症的影响,即使身体总钾量减少,血浆钾浓度也可正常。而在脱水和酸中毒被纠正后,钾转入细胞内,可发生低钾血症。

2. 钾排出过多

(1) 消化道损失:呕吐、腹泻、胃肠引流、肠瘘管、腹腔漏出。

(2) 排尿过多损失:尿崩症、静脉补液过多。

(3) 体液损失:排出腹腔积液、胃肠梗阻、发热、大量出汗、呼吸急促、喘息、大面积烧伤等。

(4) 疾病:如肾小管酸中毒、范可尼综合征、急性肾功能不全的利尿期、慢性肾盂肾炎者均有碳酸氢盐及钾、钠、钙自尿中排泄。库欣综合征、Bartter综合征(有低钾、低钠伴代谢性碱中毒、血浆肾素、血管紧张素和醛固酮增高)、原发醛固醇增多症、长期应用肾上腺皮质激素者常有钠潴留和钾损失。正常尿钾浓度<10mmol/L或<15mmol/24h尿,如尿钾>20mmol/L或>25~30mmol/24h尿,表明钾由尿中损失增多。

(5) 一些药物长期应用:如生长激素、醛固酮、胰岛素、儿茶酚胺、睾酮治疗可使钾进入细胞内,引起低钾血症;服用有利尿作用的药物也可因排泄过多而引起低钾。

(二) 临床表现

1. 低血钾最早出现消化系统症状。缺钾时发生碱中毒,胃酸分泌减少,表现为食欲缺乏、口苦、恶心、呕吐,对碳水化合物耐受不良。由于胃肠肌软弱而出现腹胀、肠鸣音消失,腹部可见肠型,甚至发生麻痹性肠梗阻。

2. 神经肌肉应激性与钠离子、钾离子成正比,与钙离子、镁离子、氢离子成反比,故缺钾使神经肌肉兴奋性降低,血钾低于3mmol/L时出现肌肉软弱,低于2.5mmol/L时出现瘫痪。首先发生于四肢,患儿不能站立,不能活动,头不能抬,眼不能睁,无力咀嚼和吞咽,不能翻身,腱反射减弱或消失,肌肉麻木酸痛,感觉异常,重者发生呼吸肌麻痹。

3. 心肌应激性与钠离子、钙离子成正比,与钾离子成反比。缺钾时心血管系统表现为心音低,心律失常,房性或室性心动过速,期前收缩,心界扩大,血管扩张,血压下降,严重者发生心力衰竭,心跳停止于舒张状态。心电图表现为低电压,Q-T 间期延长,ST 段下移超过 0.5mV,T 波低平或倒置,出现 u 波,高度常超过同导联的 T 波或与 T 波融合呈驼峰形,P 波可增宽,P-R 间期延长,甚至出现一度、二度房室传导阻滞。心电图改变对低钾血症的诊断很有价值,血钾低于 3.5mmol/L,同时有心电图改变可以确诊,但不能根据心电图改变确定低血钾程度。

4. 中枢神经系统表现有烦躁、疲乏、淡漠、嗜睡,严重者谵妄、幻觉、昏迷、惊厥。

5. 长期缺钾患者,尿浓缩功能缺陷,可产生多尿、夜尿、烦渴、尿排氨增多、尿液呈酸性,称为缺钾性肾炎,可用氯化钾治疗。

6. **原发性低钾血症碱中毒** 机体为了保钾,肾小管分泌钾离子减少,分泌氢离子增多,故尿呈酸性,称为原发低钾碱中毒矛盾性酸尿综合征。尿钾>20mmol/L 或>25~30mmol/24h 尿,说明钾由尿中损失,如尿钾<10mmol/L 或<15mmol/24h 尿,说明在尿中无过量钾损失。

(三) 诊断

确定低钾血症可根据:①血清钾低于 3.5mmol/L;②心电图检查有低钾图像;③临床表现符合低钾血症,特别要确定低钾血症的原因。

(四) 治疗

对缺钾者不仅要补充钾,而且要寻找缺钾的原因,针对病因进行处理。

1. **食物** 轻度缺钾者可给含钾丰富的食物,如柑、橙、香蕉、番茄、豌豆、牛肉、鸡肉等。

2. **尽量口服补钾** 可口服天门冬酸钾或枸橼酸钾,也可将

10% 氯化钾 0.1~0.3ml/kg 加入牛奶或果汁中饮用。

3. 重症者静脉补钾 原则是：见尿补钾（尿量超过 40ml 以上）、不宜太浓（氯化钾 3g/L 以下）、滴速不宜太快（20 滴 /min）。脱水引起的缺钾可按脱水补液方案治疗，能顺利纠正。静脉输钾盐须在循环改善、肾功能恢复后，故须有尿后才补钾。因钾主要在细胞内，故必须待细胞功能恢复正常，即钠 - 钾泵功能正常，才能将钾运入细胞内。补钾后正常需 15 小时才能达到细胞内、外钾平衡。由于细胞内钾高、细胞外钾低，如大量输入钾不但有高钾血症的危险，而且钾可由肾排泄而达不到治疗目的。所以补钾通常需 3~4 天，钾的用量为每日 3mmol/kg，约等于 10% 氯化钾 2.5ml/(kg·d)，或按公式计算：(5- 血钾)mmol/L × 0.6L × 体重 kg= 所需钾 mmol。

4. 补钾还需注意几种情况

（1）对血钾在 2.5mmol/L 以下的重症病例，有重度肢体瘫痪及心电图改变者，用 0.5%~1% 氯化钾静脉滴注，可使症状较快消失、降低死亡率。在危急情况下，氯化钾应置于盐水中滴注，不宜置于葡萄糖液中，因葡萄糖可使钾进入细胞内致血钾进一步降低。

（2）由于钾在细胞内主要与磷酸根结合，故单纯应用氯化钾不易纠正细胞内钾缺乏，这是因为氯离子主要分布于细胞外液，不易进入细胞内。钾与磷酸盐结合易进入细胞内，因此在这种情况下最好应用磷酸钾。

（3）低血钾同时有缺镁者，单纯应用氯化钾亦不易纠正，应同时应用硫酸镁。

八、儿童高钾血症的诊治

血钾超过 5.5mmol/L 可称为高钾血症，但高钾血症并不意味着总体钾含量过多。因此，为了诊断更确切，可将高钾血症分为钾过量性高钾血症、转移性高钾血症、浓缩性高钾血症。

（一）病理生理

1. 钾过量性高钾血症 病因有摄入或输入过多。如口服钾盐过多，静脉注射钾盐过多、过快，输库存血（输库存血后，由于红细胞内钾释出,2 周后血浆钾浓度可增加 4~5 倍,3 周后可增加 10 倍),大量注射青霉素钾盐(100 万 U 青霉素钾盐含钾 1.7mmol,大量注射可引起高血钾)。

2. **钾排泄减少**　急慢性肾炎少尿期、脱水、失血、休克时少尿或无尿,肾上腺皮质功能减退,低肾素、低醛固酮血症均会引起尿钾排泄减少。肾小管间质性疾病,如系统性红斑狼疮、肾淀粉样变,可导致肾小管对醛固酮缺乏反应。此外,应用保钾利尿剂(如螺内酯、氨苯蝶啶)会抑制钾排泄,使总体钾增加,血钾升高。

3. **转移性高钾血症**　见于高热、缺氧、饥饿、重度溶血、手术、组织挤压伤。广泛感染时由于组织破坏、糖原分解,细胞内钾也可转移到细胞外。酸中毒时血中氢离子浓度高,氢离子可转入细胞内与钾离子交换,细胞内钾离子可转移至细胞外。血小板增多时也有血钾升高。大量精氨酸注射时,氨基酸可进入细胞内与钾置换,使血钾升高。总体钾可正常或缺乏。

4. **浓缩性高钾血症**　严重脱水、大面积烧伤患者血液浓缩,使血钾升高,总体钾可正常。

临床上,各种病因常合并存在,如肾衰竭常合并酸中毒,既有尿少使钾排泄减少,又有细胞内钾移向细胞外。重度溶血常合并肾功能障碍,既有细胞内钾释出,又有尿少所致的钾潴留,以及血液浓缩所致的血钾升高。以上因素中,引起高钾血症最重要的原因是尿排钾减少。

(二) 临床表现

1. 血钾升高使细胞内钾与细胞外钾之比降低,细胞膜电位降低接近阈值,细胞复极困难。神经肌肉首先受影响,应激性降低,肌肉软弱无力、麻木酸痛,继而瘫痪麻痹,常自下肢开始,呈上升性麻痹,逐渐发展至躯干和上肢,腱反射减弱甚至消失。如有脑神经受损,可致吞咽困难和语言障碍,肋间肌麻痹可造成呼吸困难。这种肌肉瘫痪与低钾引起的瘫痪临床不易区别。

2. 心血管系统也易受损,血钾升高对心肌有抑制作用,导致心动过缓,心音低钝,心肌收缩无力,心律失常,如房室传导阻滞、窦性停搏、心房停搏,由于心传导障碍可继发室性期前收缩、室性心动过速、心室颤动等，出现阿-斯综合征，最后心脏停搏于舒张状态。体格检查见心浊音界扩大，血压早期升高，晚期降低，易并发休克。心电图变化大致与血钾浓度相平衡。血钾升高至 6~7mmol/L 时，T 波高尖、基底变窄，Q-T 间期缩短。血钾 >8mmol/L 时，P 波降低甚至消失，QRS 波增宽、波幅减少，P-R 间期缩短，ST 段下移与 T 波融合。血钾在 10~11mmol/L 时，QRS 波、RST 波和 T 波可融合成双相曲折的波形，P 波消失。当血钾高至 12mmol/L 时会发生心室颤动。心电图的变化和临床症状与血钾升高的速度有关。如血钾缓慢上升，细胞外的钾可渗透入细胞内，使细胞内、外钾的比值变小，心电图改变和临床症状可较轻。

3. 高钾血症患者常有精神改变，表现为焦虑、神志恍惚、嗜睡，皮肤感觉异常，如蚁走感、针刺感、烧灼感，发生于四肢、唇舌及手足心等处。也可有自主神经功能失调，乙酰胆碱释放增加，出现恶心、呕吐、腹痛。胃肠肌麻痹，出现腹胀，可见肠型，应注意与低钾血症的麻痹区别。肾功能受损，可出现尿少、尿闭、尿毒症，这些症状也可以是肾原发疾病表现。

4. 血钾高时肾小管分泌钾离子增多，氢离子减少，钾离子与大量碳酸氢根结合被排泄，机体碱储备降低，发生酸中毒。由于尿中排出大量碳酸氢盐，尿呈碱性，称为原发性高钾血症酸中毒矛盾性碱尿综合征。

(三) 诊断

1. **临床表现** 有导致高钾血症的原因、不能用原发病解释的症状，如神志淡漠、感觉异常、四肢软弱等，突然出现微循环障碍，如皮肤苍白、发绀和低血压等，心跳缓慢或心律失常。

2. **血钾与心电图改变** 血钾 >5.5mmol/L；心电图改变，早期 T 波高尖，Q-T 间期延长，随后出现 QRS 波增宽，PR 间期延长。

(四) 治疗

确诊后停用一切含钾药物，如氯化钾、代盐、青霉素钾盐、库存血液等。

1. **钾拮抗剂** 可应用 10% 葡萄糖酸钙 10ml，静脉缓慢注射，能对抗钾对心肌的抑制作用，注射时最好有心电图监测，如注射后

10分钟心电图仍持续异常,可重复注射。如有心室颤动或心搏停止,可直接注入心室内,有洋地黄中毒者禁用。对高血钾引起的心脏传导阻滞,也可用阿托品对抗治疗,或用地塞米松 0.3mg/kg 静脉滴注,以兴奋心肌传导。

2. 促进细胞外钾转移入细胞内

(1) 碱化作用:用 5% 碳酸氢钠 1.5ml/kg 静脉缓慢注射,使细胞外液暂时碱化,促进细胞外钾转移入细胞内,使血钾降低。且能纠正酸中毒,解除对心肌的抑制,对心脏频繁骤停患者是一种急救措施。

(2) 葡萄糖胰岛素疗法:用 10% 葡萄糖液按 1~2g/kg 计算用量,每 4g 葡萄糖加胰岛素 1U 静脉滴注。葡萄糖能供给能量,减少体内脂肪和蛋白质消耗。胰岛素能促进葡萄糖进入细胞内,形成糖原,使钾转入细胞内。

(3) 苯丙酸诺龙:为同化激素,能促进体内蛋白质合成,使钾进入细胞内,用量为 25mg,隔日一次肌内注射。

(4) 高张氯化钠:钠可拮抗钾对心肌的毒性作用,一般用 3% 氯化钠 2~3ml/kg 缓慢滴注,可在数分钟内降低血钾。高张氯化钠可扩张血容量,提高血压,改善肾循环,促进钾排泄,适用于治疗肾上腺皮质功能不全伴高血钾者,对尿闭或尿少患者有引起肺水肿的危险,故应慎用。

3. 促进钾的排泄

(1) 离子交换树脂:聚苯乙烯磺酸钠离子交换树脂 1~2g/(kg·d) 分 2~3 次口服或灌肠,每克树脂能结合 1mmol 钾,减少肠内对钾的吸收。

(2) 25% 山梨醇:口服每次 20ml,每 2 小时一次,在肠内起渗透作用,引起腹泻,促进钾排泄。

(3) 排钾利尿剂:呋塞米、依他尼酸钠、氢氯噻嗪均有排钾利尿作用,可以选用。

(4) 腹膜透析或血液透析:血钾 >7mmol/L,上述方法无效时可以采用,血液透析效果较好。

(覃耀明　陈虹余)

第十五节 钠

钠（Na）是一种金属元素，元素符号是 Na，原子序数 11，在元素周期表中位于第 3 周期、第ⅠA族，是碱金属元素的代表，质地柔软，能与水反应生成氢氧化钠，释放出氢气，化学性质较活泼。钠元素以盐的形式广泛分布于陆地和海洋中，也是人体肌肉组织和神经组织中的重要成分之一。1807 年，英国化学家 Humphry Davy 用电解纯碱的方法分离出金属钠并命名为 sodium。

一、钠的理化性质

（一）物理性质

钠（Na）相对原子质量 22.99，为银白色立方体结构金属，质软而轻，可用小刀切割，密度比水小，为 $0.97g/cm^3$，熔点 97.81℃，沸点 882.9℃。新切面有银白色光泽，在空气中氧化转变为暗灰色，具有抗腐蚀性。钠是热和电的优良导体，具有较好的导磁性，钾钠合金（液态）是核反应堆导热剂。钠单质具有良好的延展性，硬度低，在 -20℃时变硬。能够溶于汞和液态氨。已发现的钠的放射性核素共有 22 种，包括钠 18~钠 37，其中只有钠 23 是稳定的，其他放射性核素都带有放射性。

（二）化学性质

钠的化学性质很活泼，常温和加热时分别与氧气化合，和水剧烈反应，量大时发生爆炸。钠还能在二氧化碳中燃烧，和低元醇反应产生氢气，和电离能力很弱的液氨也能反应。

钠原子的最外层只有 1 个电子，很容易失去，所以有强还原性。因此，钠的化学性质非常活泼，能够和大量无机物、绝大部分非金属单质和大部分有机物反应。在与其他物质发生氧化还原反应时作还原剂，都是由 0 价升为 +1 价（由于 ns1 电子对），通常以离子键和共价键形式结合。金属性强，其离子氧化性弱。

绝大部分钠盐均溶于水，但实际上醋酸铀酰锌钠、醋酸铀酰镁钠、醋酸铀酰镍钠、铋酸钠、锑酸钠、钛酸钠皆不溶于水。

钠的工业用途有测定有机物中的氯,还原和氢化有机化合物,检验有机物中的氮、硫、氟,去除有机溶剂(苯、烃、醚)中的水分,除去烃中的氧、碘或氢碘酸等杂质,制备钠汞齐、醇化钠、纯氢氧化钠、过氧化钠、氨基钠、合金、钠灯、光电池,制取活泼金属。

二、钠的吸收与代谢

人体主要通过膳食及食盐摄入钠。钠在小肠上部吸收,吸收率极高,几乎可全部被吸收进入血液和细胞间质液,故粪便中含钠量很少。钠在空肠大多是被动吸收,在回肠则大部分是主动吸收。一般机体摄入钠量大于其需要量,所以人体通常不会缺钠。

钠代谢、分布和排泄与体内水分分布密切相关。主要通过肾脏调节。通过肾小球滤过,肾小管重吸收,由远曲小管离子交换及激素来调节钠平衡。90%以上由尿排出,余由汗液排出。肾排钠量与摄入量保持平衡。当无钠摄入时,肾排钠减少甚至不排钠,以维持体内钠平衡。肾对钠的排出特点是"多入多出,少入少出,不入不出"。调控钠排出有如下因素。

(一)球-管平衡

肾小管重吸收的钠与肾小球滤过的钠成比例。肾小球每日滤出大量钠盐(约摄入量的百倍),99%被肾小管重吸收,仅不足1%由尿排出。正常情况下,约2/3钠盐从近曲小管,约1/5钠盐从亨氏袢以等渗状态与水一起被回吸。因此,进入远曲小管的尿液是等渗的,余下的12%钠盐由远曲小管及集合管吸收。这两部分小管受内分泌因素影响,是肾调节钠由尿排出多少的主要部位。

(二)肾素-血管紧张素-醛固酮系统

此系统是调控水盐代谢的重要因素,当血容量降低、血压下降时,肾素分泌增多。肾素(肾小球旁器合成)分解血管紧张素原(产自肝脏),从而形成血管紧张素Ⅰ,后者在ACE(血管紧张素转换酶,来自血管内皮细胞,肺部最多)的作用下形成血管紧张素Ⅱ(AGⅡ),AGⅡ在氨基肽酶的作用下,转变为血管紧张素Ⅲ

(AG Ⅲ),AG Ⅱ和 AG Ⅲ皆有很强的生物活性。主要作用是刺激醛固酮分泌,醛固酮作用于肾小管,促进钠的重吸收并排出钾和氢(保钠排钾),使尿钠减少,血钠增多,血浆渗透浓度增加。

对钠代谢有调节作用的其他内分泌激素有:抗利尿激素、糖皮质激素、甲状腺素、甲状旁腺素和心钠素等。

三、钠的生理作用

钠是人体中一种重要无机元素,是细胞外液的主要阳离子,是维持机体水电解质平衡、渗透压和肌肉兴奋性的主要成分。一般情况下,成人体内钠含量大约为 3 200(女)~4 170(男)mmol,约占体重的 0.15%,体内钠主要存在于细胞外液,占总体钠的 44%~50%,多以氯化钠的形式存在。细胞内液钠含量较低,仅占 9%~10%。骨骼中钠含量占 40%~47%。

(一) 参与水的代谢

保证体内水的平衡,调节体内水分与渗透压。存在于细胞外液的钠是细胞外液中的主要阳离子,约占阳离子总量的 90%,与其相应的阴离子(氯离子及碳酸氢根离子)一起形成的渗透浓度,可占血浆渗透浓度的 90% 以上,维持体内水量的恒定。根据血浆钠离子浓度,用以下公式可大致推算出体液的渗透压。

体液渗透压$(mOsmol/L) = [Na^+](mmol/L) \times 2 + 10$

此外,钾在细胞内液中同样构成渗透压,维持细胞水分的稳定。钠、钾含量的平衡是维持细胞内外水分恒定的根本条件。钠的含量左右着体内的水量,当细胞内钠含量增高时,水进入细胞内,使水量增加,细胞肿胀,引起组织水肿;反之,人体失钠过多时,细胞内钠量降低,水量减少,水平衡改变。

(二) 维持体内酸碱平衡

钠在肾小管重吸收时与氢离子交换,清除体内酸性代谢产物,如二氧化碳(CO_2),保持体液的酸碱平衡。钠离子总量影响着缓冲系统中碳酸氢盐的增减,因而对体液的酸碱平衡也有重要作用。

(三)增强神经肌肉兴奋性

钠、钾、钙、镁等离子的浓度平衡,对于维护神经肌肉的应激性是必需的,满足需要的钠可增强神经肌肉的兴奋性。

(四)钠-钾泵

钠钾离子的主动转运,使钠离子主动从细胞内排出,以维持细胞内外液渗透压平衡。钠与腺嘌呤核苷三磷酸(ATP)的生产和利用、肌肉运动、心血管功能、能量代谢都有关系,此外,糖代谢、氧的利用也需有钠的参与。

(五)对血压的影响

人群调查与干预研究证实,膳食钠摄入与血压有关。血压随年龄增高,这种增高有 20% 可能归因于膳食中食盐的摄入。有研究发现平均每天减少 5g 食盐摄入量可使收缩压降低 7mmHg,舒张压降低 3mmHg。为防止高血压,WHO 建议每日钠的摄入量<2g,约相当于食盐 5g。

四、钠元素与疾病

(一)血钠减少的常见原因

1. 总体钠减少的低钠血症 体液丢失时,溶质丢失超过水分丢失,即低渗性脱水。此种情况见于失钠大于失水,见于肾外丢失和肾丢失钠。根据尿排钠情况可区别,尿钠浓度钠离子>20mmol/L 为肾丢失钠增多,<20mmol/L 为肾外丢失。

(1)引起肾钠丢失的病因:①利尿药和脱水剂的使用;②盐皮质激素缺乏,使肾小管重吸收钠减少;③肾小管-间质疾病、急性肾损伤多尿时、尿路梗阻解除后早期、醛固酮减少症等;④血糖明显增高、酮尿等(包括糖尿病酮症酸中毒、饥饿、酒精性酮尿)。

(2)引起肾外钠丢失的病因:①胃肠道丢失:呕吐、腹泻、第三腔隙体液潴留、烧伤、胰腺炎及胰腺造瘘和胆瘘等;②脑性失盐综合征:颅内肿瘤、出血、外伤等中枢神经系统损害所致的低钠血症。

2. 总体钠正常的低钠血症

(1)肾上腺皮质功能不全时,醛固酮分泌减少引起水、钠排泄增多,皮质醇减少可促进抗利尿激素(antidiuretic hormone,ADH)分泌,引起水排泄减少。

(2) 甲状腺功能减退,由于心输出量和肾小球滤过率降低,导致以抗利尿激素(ADH)为介导的肾内机制发生紊乱。一方面,心排出量和肾小球滤过率下降,引起尿量减少;另一方面,有效血容量降低,通过压力感受器的效应刺激 ADH 释放。

(3) 急性精神分裂症有发生低钠血症倾向,其机制是多因素的,包括渴感增加(多饮)、ADH 释放的渗透压调节轻度缺陷、低血浆渗透压情况下有抗利尿激素(ADH)释放、肾脏 ADH 的反应性增加和抗精神病药物应用使远曲小管和集合管对水的通透性增加,水的重吸收增加,导致尿液浓缩和尿量减少。

(4) 药物引起低钠血症的机制是抗利尿激素介导,或增加抗利尿激素释放,或增强抗利尿激素的作用。

(5) 抗利尿激素分泌过多综合征(syndrome of inappropriate antidiuretic hormone, SIADH)患者尿中钠离子浓度常>20mmol/L。

3. 总体钠增加的低钠血症 这类低钠血症的患者虽然有总体钠增加,但由于体内有水潴留,故血钠降低。

(二) 血钠增高的常见原因

1. 脱水

(1) 蒸发、出汗增加:发热、高温(环境)、灼伤、呼吸道感染、肺通气过度的患儿、早产儿(不显性失水增加)。

(2) 急性腹泻:失水多,失盐相对较少时。

(3) 肾性失水增加:肾性尿崩症、渗透性利尿。

(4) 下视丘功能障碍:中枢性尿崩症、原发性高钠血症。

2. 钠负荷过剩

(1) 输入过多含钠盐溶液。

(2) 摄取钠过剩。

3. 钠潴留 慢性充血性心力衰竭、肝硬化腹水、肾衰竭、原发性醛固酮增多症、库欣综合征、垂体前叶肿瘤、脑外伤、脑血管意外等病变引发钠潴留。

(三)血钠过高可引起的疾病

1. 易致高血压、脑卒中、心脏病等心脑血管疾病,严重可致死。
2. 加重肾脏负担,易致肾损害、水肿。
3. 增加骨质疏松风险。血钠过高时,排钠增多,钙的消耗也增多,骨骼释放钙质,引起骨密度下降,最终导致骨质疏松。
4. 摄入食盐过多可损伤胃黏膜,引发胃病,甚至导致胃癌。

五、钠的检测与营养状况评价

(一)血钠检测

1. 检测项目 血清电解质。

2. 测定方法 火焰光度法、离子选择电极法(ion selective electrode,ISE)、分光光度法(酶法和大环发色团法)。

3. 注意事项 血钠测定标本可在2~4℃或冰冻存放,红细胞中钠仅为血浆中的1/10,即使溶血也不会造成明显影响。

(二)钠营养状况

钠可调节人体内液体的酸碱性及水分交换,保持渗透压平衡,维持血压正常,维持神经肌肉兴奋性,对神经冲动传导起作用。人体钠元素的主要来源是食盐,其主要成分氯化钠不仅是人们膳食中必不可少的调味品,也是人体不可或缺的物质成分。高温、重体力劳动、经常出汗的人容易丢失钠,可饮用淡盐水来补充。

(三)钠的摄入过量问题

食盐摄入过多会引起血压和血浆胆固醇升高,促进动脉粥样硬化,增加肾脏负担。高浓度的食盐还可破坏胃黏膜,进而诱发胃癌。日常生活中,高浓度食盐能抑制呼吸道细胞的活性,降低机体抗病能力,同时还可减少唾液,使口腔内溶菌酶减少,增加病毒和病菌在上呼吸道感染的机会。儿童的肾脏功能一般到5岁才发育完全。钠盐摄入过多会增加肾脏排钠负担,故1岁以内婴儿不推荐从食盐中获取钠。我国一些食物含盐量很高,如榨菜、火腿、臭鳜鱼、腊肠、酱板鸭、咸鸭蛋、咸鱼、腐乳等腌制食物,食用时会增加盐的摄入量。另外，许多"高盐值"调味品含盐量也较多，如酱油、豆瓣酱、豆豉等。蔬菜中自身含钠的量差异明显，富含钠的蔬菜有茴香、芹菜、茼蒿，可以不用放盐或微加盐；中高钠蔬菜有萝卜、白菜、小白菜、圆白菜、油菜、菠菜，可少放盐；低钠蔬菜有生菜、菜花、苋菜、莴笋等，可适当多放一点盐。

六、钠的来源与参考摄入量

钠普遍存在于各种食物中，一般动物性食物高于植物性食物。人乳中钠含量为15mg/100g，人初乳中钠含量更高，为135mg/100g，牛乳中钠含量为58mg/100g。人体钠来源主要为食盐（含钠391mg/g），目前中国居民人均每日烹调用盐达9.3g，明显高于世界卫生组织的建议食盐摄入量（每日摄入量<5g），《中国居民膳食营养素参考摄入量（2023版）》少年儿童每日食盐推荐摄入量见表2-23。

表2-23　膳食钠参考摄入量（mg/d）

年龄	AI	PI
0岁~	80	—
0.5岁~	180	—
1岁~	500	—
2岁~	600	—
3岁~	700	—
4岁~	800	≤1 000
7岁~	900	≤1 200
9岁~	1 100	≤1 500
12岁~	1 400	≤1 900
15岁~	1 600	≤2 100

注：AI：适宜摄入量；PI：预防非传染性慢性病的建议摄入量；—：未制定。
引自：中国营养学会. 中国居民膳食营养素参考摄入量（2023版）. 北京：人民卫生出版社，2023.

七、儿童低钠血症的防治

低钠血症的定义为血清钠低于135mmol/L,为临床最常见的水盐失衡类型。

低钠原因:人体内钠在一般情况下不易缺乏,但在某些情况下,如禁食、少食、膳食钠限制过严而摄入非常低时,或在高温、重体力劳动、过量出汗、肠胃疾病、反复呕吐、腹泻使钠过量排出而丢失时,或某些疾病引起肾不能有效保留钠,胃肠外营养缺钠或低钠,利尿剂的使用抑制肾小管重吸收钠时,均可引起钠缺乏。

(一)临床表现

1. 细胞内水肿　除有明显脱水症状外,口渴、尿少较不显著,皮肤湿黏有汗、体温低。常有血压低、脉细弱、四肢发凉,皮肤呈网状花斑,呼吸深快,易发生休克和酸中毒。由于细胞水肿,体积增大,可导致细胞功能障碍,主要发生在脑、肝、肾实质器官,以中枢神经系统功能障碍为明显。神经症状有头晕、呕吐、颈强直至昏迷惊厥。血浆渗透压在261~275mOsm/L时可出现头痛,在251~260mOsm/L时可出现昏睡、虚脱,233~250mOsm/L时可出现定向力障碍、痉挛,<233mOsm/L时可出现昏迷、惊厥。

2. 细胞外液容量改变

(1)水中毒时新生儿表现为精神不振、嗜睡、呼吸慢或不规则、眼及全身水肿、体重增加。年长儿有头晕、呕吐、头后仰、视力模糊、眼不睁、瞳孔散大,视神经乳头水肿、呼吸及心率慢、血压升高、水肿、皮肤湿润、腱反射减弱或消失,可并发酸中毒,重者发生昏迷、惊厥,用镇静剂不能控制,脑压高可致脑疝、去大脑强直、呼吸衰竭。患儿血钠低于130mmol/L,血钾、氯亦低,血浆蛋白、血红蛋白、红细胞计数、平均红细胞血红蛋白均降低,平均红细胞体积增加,尿比重低而含钠量高。

(2)抗利尿激素分泌异常综合征(SIADH)时,虽然血钠低,由于细胞外液增加,血压仍正常,皮肤弹性好。因血液渗透性低,一部分细胞外液渗透入细胞内,使细胞肿胀,引起功能紊乱,症状决定于低钠血症发生的快慢及其降低程度。血钠低于 120mmol/L 有食欲缺乏、头晕、视物模糊、恶心、呕吐、失去定向力。血钠低于 110mmol/L 发生意识朦胧、嗜睡、昏迷、抽搐。

3. 神经、肌肉应激性低下 低钠血症较严重时,可引起肌张力低下,腱反射消失、心音低钝及肠麻痹腹胀,症状类似低钾血症。

(二)低钠血症的诊断

1. 根据血钠浓度分类 ①轻度低钠血症:血钠 130~135mmol/L;②中度低钠血症:血钠 125~129mmol/L;③重度低钠血症:血钠<125mmol/L。血钠 110~125mmol/L 时患者症状明显且严重。

2. 根据发生时间分类 急性低钠血症<48 小时,慢性低钠血症≥48 小时。低钠血症发生于<48 小时更易发生脑水肿,且脑需要 48 小时适应低钠环境,但如果血钠纠正过快,则脑可能再损伤。如果不能对其分类,除非有临床或病史证据,否则应认为系慢性低钠血症。

3. 根据症状分类 ①中度症状:恶心,意识混乱,头痛;②重度症状:呕吐,呼吸窘迫,嗜睡,癫痫样发作,昏迷(Glasgow 评分≤8 分)。

4. 根据低钠血症的病理生理学机制分类

(1)假性低钠血症:正常血浆含 7% 容积的固相物质(即含水量为 93%)。在实际检验时,为了减少所需血标本量,通常在检测前对血清标本进行稀释。因稀释仅对溶液的液相部分而言,固相部分无法稀释,当血液中固相物质(如脂肪和蛋白)增加,所计算的离子水平将被低估。直接用血气分析的电位测定法测定血钠,因不必稀释标本,故结果可靠。假性低钠血症的血渗透压正常。

(2)非低渗性低钠血症:血清含有其他渗透性物质使有效渗透压增加,吸引细胞内的水至细胞外液而导致细胞外液稀释所致低钠血症。分为等渗性低钠血症和高渗性低钠血症。

(3)低渗性低钠血症:测得的血清渗透压<275mOsm/kg 常提示为低渗性低钠血症,因为有效渗透压不会高于总的或测得的渗透压。根据患者的循环血量状况,低渗性低钠血症又分为低渗低容量低钠血症、低渗等容量低钠血症、低渗高容量低钠血症。

（三）低钠血症的治疗

1. 停止一切可能导致低钠血症的治疗方法。对于轻度低钠血症，不建议将增加血钠作为唯一治疗；对于中重度低钠血症，第一个 24 小时应避免血钠增加 >10mmol/L，随后每 24 小时血钠增加 <8mmol/L，每隔 6 小时复测一次血钠以指导治疗，直至血钠稳定。

2. 有低渗性脱水时，累积损失需用 2/3 张至等渗含钠液补充，开始用等张液，病情好转可改为 2/3 张液。低渗性脱水患儿如输入低渗溶液过多，常仍不能纠正细胞外液脱水症状，反可引起严重低钠，脑细胞水肿，颅内压增高，出现脑症状。此时宜采用 3% 氯化钠溶液治疗，静脉输入 12ml/kg，可提高血钠 10mmol/L，宜缓慢静脉滴注，在 1 小时以上，将血钠提高到 >120mmol/L。症状缓解后，患儿常出现大量利尿，可继续输入 2/3 张至等张含钠液，直至累积损失被纠正，脱水症状消失。症状严重，发生脑疝时，也可先用 20% 甘露醇 1g/kg 减轻脑水肿，并适当补充 2/3 张~等张液。长期用过度稀释奶喂养所引起的低钠血症，如出现脑症状，也可用 3% 氯化钠治疗。

3. 纠正细胞外液的低张状态，根据血钠浓度计算纠正低张至等张所需钠量：(140– 血钠)mmol/L × 0.3L × 体重 kg= 所需钠 mmol，140mmol/L 为拟提高的血钠浓度，0.3L 为每千克体重的细胞外液量。因血钠 140mmol/L 中有 1/4 为碳酸氢钠，为了预防和治疗可能发生的酸中毒，所需钠的 3/4 用 3% 氯化钠(含钠 512mmol/L)、1/4 用 5% 碳酸氢钠(含钠 595mmol/L)供给。此液为高张液，可使细胞外液渗透压恢复正常。由于按公式计算所需的钠量仅能纠正细胞外液的低张状态。如输液后血钠浓度尚未恢复正常，可再输同样液体以补充细胞内液所缺的钠量。如果患儿同时有低钾血症，纠正低钾血症可使血钠增加。

4. 血钠不宜纠正过快，每日提高血钠不超过 12mEq/L，否则可导致神经渗透性脱髓鞘，临床表现可从无症状发展为紊乱、躁动，最终导致弛缓性或痉挛性瘫痪，有的可伴随延脑病变，可用磁共振成像扫描确诊，无特效疗法，死亡率或病残率高。但在低张性脱水患儿治疗中少见。

5. 对于高血容量性低钠血症,不宜将增加血钠作为唯一治疗目的,需要治疗原发病及限制液体,防止液体负荷加重。

6. 对于抗利尿激素分泌异常综合征(SIADH),在限制液体输入同时,可用渗透性利尿剂甘露醇、呋塞米、依他尼酸等,增加水的排泄,使血钠增高,同时增加饮食中钠盐的摄入。此外要注意治疗原发病,如切除产生抗利尿激素过多的肿瘤,在原发病治疗后SIADH可消失。

7. 对于低血容量性低钠血症,输0.9%盐水或晶体平衡液,0.5~1ml/(kg·h),以恢复细胞外液容量。在血流动力学不稳定时,快速液体复苏比快速纠正低钠血症更重要。

八、儿童高钠血症的诊治

血钠>150mmol/L称为高钠血症(hypernatremia)。其病理生理改变是:高钠时细胞外液渗透压增高,为维持细胞内外液间的渗透平衡,细胞内水外渗至细胞外,造成细胞内脱水及细胞外液脱水程度相对较轻(伴脱水的患者)或细胞外液容量增加(摄钠盐过多的患者)。

(一)病因

1. 体内水缺失

(1)摄水过少。

(2)丢失水或低渗液过多

1)胃肠道:临床最常见,如急性腹泻,失水多,失盐相对较少时。

2)肾:如垂体或肾性尿崩症(垂体尿崩症可原发,也可由颅脑外伤、炎症或占位性病变引起),用利尿药、脱水药后或糖尿病所引起的渗透性利尿,尿量过多时。

3)不显性丢失增加:如高热、肺通气过度的患儿,早产儿(体表面积较大),新生儿蓝光照射及环境温度过高、湿度低、对流强等。

2. 摄盐过多 以医源性病因多见,其中最常见的是纠正脱水、酸中毒时补充含钠液(氯化钠或碳酸氢钠等溶液)浓度过高或量过多,静脉或口服补液盐均可引起。非医源性病因有误将食盐当成糖加入婴儿奶中;长时间喂奶粉,兑水过少又未充分喂水;溺水时吞入大量海水所引起的高钠血症也偶可发生。

(二) 临床表现

有精神烦躁、口渴、尿少、发热、呕吐、口干舌燥、食欲缺乏等,由于细胞内液减少,脑、肝、肾实质器官发生功能障碍。脑细胞缩小,颅内压下降,脑血管充血膨胀,易引起血管破裂出血。中枢神经症状有神志恍惚、烦躁不安、头痛、视物模糊、幻视、谵妄、尖叫、嗜睡、运动失调、昏迷、震颤、腱反射亢进、肌张力增加、颈强直和惊厥、癫痫发作,严重者出现昏迷。脑膜刺激征阳性,脑脊液蛋白增多,甚至含有血液。婴儿可主要表现为呕吐、发热和呼吸不畅。高钠血症病死率高,存活者常有神经系统后遗症。

(三) 高钠血症的诊断

1. **病史** 体内水缺失或摄入更多的钠。

2. **血清钠** 高于 150mmol/L。

3. **临床表现** 符合高钠血症。

(四) 高钠血症的治疗

1. 液体疗法

(1) 多饮水增加尿量,促进钠排泄。

(2) 因患儿无缺钠,静脉输液可用 5% 葡萄糖液,根据血钠浓度计算所需的水量,每降低血钠 1mmol/L 需每千克体重供给水 5ml,正常血钠浓度为 140mmol/L,故可用以下公式:

$$\text{拟降低血钠 mmol/L} \times 5\text{ml} \times \text{体重 kg} = \text{所需水 ml}$$

如果一次补足所需水量,使血钠降至正常,有发生脑水肿的危险。合理的治疗方案应包括:①静脉输入液体张度不宜过低。②所输入的溶液中可加入钾,如氯化钾。氯化钾浓度不应超过 0.3%,一般可用 0.15%(0.1%~0.3%),这样既可提高输入液的渗透浓度,又不增加钠负荷,而且钾离子可进入细胞内,有利于细胞内脱水的纠正。③输液速度不宜过快。最好是使血钠逐日下降,每日降低 10mmol/L 即可。故每日补液量为 10×5ml/kg=50ml/kg，输液速度为 10ml/(kg·h)，血钠降至 150mmol/L 即可停止补充。

2. 除去病因 采用低盐饮食，停用引起高钠血症的药物，治疗原发疾病。如中枢性尿崩症需用醋酸去氨升压素治疗。

3. 对症处理 有惊厥者应用镇静、解痉剂。

4. 间歇腹膜透析 有严重中毒或昏迷、惊厥者，可间歇腹膜透析，每次用 7% 葡萄糖溶液 40ml/kg 注入腹腔，1 小时后抽出，如血钠逐渐下降可改用 5% 葡萄糖液透析。

（覃耀明　陈虹余）

―――― 参 考 文 献 ――――

1. 中华预防医学会儿童保健分会. 中国儿童钙营养专家共识 (2019 年版). 中国妇幼健康研究, 2019, 30 (3): 7-14.
2. 中国营养学会. 7~24 月龄婴幼儿喂养指南. 中国食物与营养, 2022, 28 (11): 2.
3. 戴仪, 李智平, 徐虹, 等. 中国儿童基本药品可及性多中心研究. 中华儿科杂志, 2020, 58 (4): 301-307.
4. CLOSA-MONASTEROLO R, ZARAGOZA-JORDANA M, FERRÉ N, et al. Adequate calcium intake during long periods improves bone mineral density in healthy children. Data from the Childhood Obesity Project. Clin Nutr, 2018, 37 (3): 890-896.
5. 冯嘉宾, 李娜. 锌、铁、钙缺乏与儿童肥胖研究进展. 中国妇幼健康研究, 2021, 32 (8): 1234-1238.
6. 中国营养学会. 中国居民膳食指南 (2022). 北京: 人民卫生出版社, 2022.
7. AMERICAN ACADEMY OF PEDIATRICS COMMITTEE ON NUTRITION. Trace elements//Pediatric nutrition, 8th. Kleinman RE, Greer FR (Eds). American Academy of Pediatrics, Itasca, IL, 2019: 591.
8. Ronald E. Kleinman, Frank R, Greer. 儿童营养学. 北京: 科学出版社, 2022.
9. 何志谦. 人类营养学. 3 版. 北京: 人民卫生出版社, 2008.
10. 中国营养学会. 中国居民膳食营养素参考摄入量 (2023 版). 北京: 人民卫生出版社, 2023.
11. 中国妇幼保健协会儿童疾病和保健分会儿童遗传代谢疾病与保健学组,

北京医学会罕见病分会遗传代谢病学组, 中华预防医学会出生缺陷预防与控制专业委员会遗传病学组, 等. X连锁显性遗传性低磷血症性佝偻病诊治专家共识. 中国实用儿科杂志, 2022, 37 (1): 1-6.
12. 杨月欣. 中国食物成分表标准版. 6版. 北京: 北京大学医学出版社, 2019.
13. 马丽娟, 周林. 儿童微量元素的检测及其价值分析. 中华检验医学杂志, 2016, 39 (4): 240.
14. DEV S, BABITT JL. Overview of iron metabolism in health and disease. Hemodialysis International, 2017, 21: S6-S20.
15. 中国营养学会. 中国居民膳食指南2022. 北京: 人民卫生出版社, 2022.
16. Food and Nutrition Board of the Institute of Medicine. Dietary Reference Intakes for Vitamin A, Vitamin K, Arsenic, Boron, Chromium, Copper, Iodine, Iron, Manganese, Molybdenum, Nickel, Silicon, Vanadium, and Zinc. National Academies Press, Washington DC, 2000.
17. ALEXANDER EK, PEARCE EN, BRENT GA, et al. 2017 Guidelines of the American Thyroid Association for the Diagnosis and Management of Thyroid Disease During Pregnancy and the Postpartum. Thyroid, 2017, 27 (3): 315-389.
18. 杨月欣, 葛可佑. 中国营养科学全书. 2版. 北京: 人民卫生出版社, 2019: 145-153.
19. 张迪, 何娜, 杨晓莉, 等. 硒蛋白对人体健康重要作用的研究进展. 科学通报, 2022, 67 (6): 473-480.
20. 向思佳, 刘扬中. 微量元素铜与人体生理功能和疾病. 大学化学, 2022, 37 (3): 7-13.
21. 于占洋, 侯哲. 微量元素与疾病诊断及治疗. 北京: 人民卫生出版社, 2001.
22. 滕小华, 刘宇昊, 李克非, 等. 环境锰污染对生物健康的威胁. 东北农业大学学报, 2021, 52 (1): 90-96.
23. 李婉赫, 张林, 刘建文, 等. 锰与儿童健康研究进展. 微量元素与健康研究, 2023, 40 (1): 64-67.
24. 何惊雷, 宗晨曦, 许文昭, 等. 关于儿童饮用水中氟摄入研究. 饮料工业, 2021, 24 (3): 53-59.
25. 王天有, 申昆玲, 沈颖. 诸福棠实用儿科学. 9版. 北京: 人民卫生出版社, 2022.
26. 余建华, 梁西强, 宁远征, 等. 季节性温度变化对儿童血清钾检测的影响. 国际检验医学杂志, 2012, 33 (22): 2734-2736.

27. 吴茂江. 钾与人体健康. 微量元素与健康研究, 2011, 28 (6): 61-62.
28. HODSON EM, COOPER TE. Altered dietary salt intake for preventing diabetic kidney disease and its progression. Cochrane Database Syst Rev, 2023, 1: 006763: 1-2.
29. CORRÊA REZENDE JL, DE MEDEIROS FRAZÃO DUARTE MC, MELO GRDAE, et al. Food-based dietary guidelines for children and adolescents. Front Public Health, 2022, 1033580: 1-15.
30. MONTERO-SAN-MARTÍN B, OLIVER P, FERNANDEZ-CALLE P, et al. Laboratory interpretative comments and guidance: clinical and operative outcomes on moderate to severe hyponatraemia patient management. J Clin Pathol, 2023, 76 (2): 116-120.

第三章
有害元素与儿童健康

　　有些金属元素并不是机体所需要的,甚至是有害的,较常见而且研究比较透彻的有铅、镉、汞和铝等,是目前已确定的对人体危害较大的有毒金属,在摄入较低的情况下即可对人体产生明显的毒性作用。有毒金属很难被人体排出体外,经蓄积后可对人体造成更大的危害。

第一节 铅

铅(Pb)在自然界主要以方铅矿(PbS)及白铅矿(PbCO$_3$)的形式存在,也存在于铅矾(PbSO$_4$)中,偶而也有本色铅。铅矿中常杂有锌、银、铜等元素。铅及其化合物由于其特殊的理化性质,在工业上被广泛应用,如冶金、蓄电池、印刷、颜料、油漆、釉料、焊锡等作业均可接触铅及其化合物。同时,铅具有较强的抗放射穿透的性能。

一、铅的理化性质

铅是一种蓝灰色金属元素,性质稳定、密度高、质地柔软。原子序数为 82,原子量为 207.2,熔点 327℃,沸点 1 740℃,温度超过 400℃时即有大量铅蒸气逸出,在空气中迅速氧化成氧化铅烟。常见含铅的物质包括密陀僧(PbO)、黄丹(Pb$_2$O$_3$)、铅丹(Pb$_3$O$_4$)、铅白[Pb(OH)$_2$·2PbCO$_3$]、硫酸铅(PbSO$_4$)等。

二、铅的吸收与代谢

儿童铅暴露的途径包括呼吸道吸入、消化道摄入、皮肤接触等。铅还容易通过胎盘造成胎儿铅暴露。铅暴露源多种多样,虽然我国早在 2000 年左右就开始推行"无铅汽油",但是"无铅汽油"并不是真正无铅,只是含量降低。同时,此前含铅油气排放污染的土壤仍然是重要的暴露源。此外,其他重要的儿童暴露源包括:含铅油漆涂料、色彩鲜艳的玩具,受到污染的食物(含暴露于铅的母乳)、水和空气,父母职业暴露、化妆品,及草药、偏方中的铅。

铅的吸收取决于暴露的途径以及暴露个体的年龄和营养状态。吸入的铅可通过纤毛运动清除从而被消化道摄入,或是停留在肺中(约 30%~50%)被快速完全吸收。儿童经胃肠道吸收铅的比例(约 70%)与成人(约 20%)相比更大。空腹,铁、钙等矿物质缺乏也可能增加胃肠道对铅的吸收。

经胃肠道或呼吸道吸收的铅分布于血液、软组织和骨中。血液中的铅约有99%与红细胞结合,其余1%(即血浆铅)则作为铅从红细胞向其他组织转运的中间形态。儿童体内70%以上的铅存在于矿化组织中这些铅蓄积于2个亚腔室:容易与血液交换铅的不稳定区域和惰性池。在生理应激期(如妊娠、哺乳、骨折、慢性病),惰性池中的铅可以被动员,成为在去除外部铅暴露源很久后仍维持血铅浓度升高的内源性铅来源。由于机体终生蓄积并缓慢释放铅,即使没有严重的急性暴露也可能发生铅中毒,因此血铅浓度不能很好地反映全身铅负荷。

未与组织结合的铅通过肾脏排泄,或经胆汁分泌进入胃肠道。儿童体内铅的平均半衰期取决于存在部位和年龄:血液中约28~36天;软组织中约40天,矿化组织中超过25年。

三、铅的生物学效应

铅可干扰二价阳离子和巯基基团的相互作用。由于大部分生化反应都受这些因子调节,故铅具有广泛的生物学效应。在体内,下游事件会导致细胞死亡和细胞水平的不可逆损伤,在中枢神经系统中表现尤为明显。

铅可以激活蛋白激酶C、与镁竞争以及抑制磷酸二酯酶水解环核苷酸或抑制N-甲基-D天冬氨酸型谷氨酸受体功能,从而中断信号转导。铅也能对中枢神经系统的线粒体氧化磷酸化进行解耦联。血铅升高个体的磁共振波谱分析显示,额叶灰质中N-乙酰天冬氨酸/(肌酸+磷酸肌酸)的比值降低,提示铅中毒影响脑的代谢。铅可与钙竞争进入突触体,并与大量受体激活的和电压门控的阳离子通道相互作用。此外,铅可增加DNA和RNA聚合酶的失真性,导致体细胞和生殖细胞突变。铅中毒的血液系统并发症是由于铅能直接抑制δ-氨酮戊酸脱水酶(aminolevulinic acid dehydratase, ALAD)以及亚铁螯合酶。前者是血红素生物合成所必需的酶,后者是一种线粒体巯基酶,能引起尿δ-氨酮戊酸（aminolevulinic acid, ALA）、尿粪卟啉和红细胞锌原卟啉（zinc protoporphyrin, ZPP）增加。这种酶阻滞作用是部分性的。虽然在血铅浓度显著升高之前可能不会出现贫血，但铅在水平较低时即可对血红蛋白合成造成影响。

四、铅暴露与疾病

铅对人体的危害不存在安全阈值。人们对儿童铅中毒的认识已有100多年的历史，而其危害性直到19世纪40年代后期才逐渐受到重视。铅对儿童的危害是全身性的。其中以神经系统和血液-造血系统对铅毒性最为敏感。

（一）对神经系统的影响

铅主要对神经系统功能产生亚临床影响，尤其表现为对认知功能的影响。多项研究显示，血铅水平高而无临床症状的儿童智商较低，会产生语言障碍、注意力障碍和行为障碍。铅对儿童智力的损害可持续到成人期，且不能逆转。

1. 神经行为缺陷 铅暴露可导致神经认知缺陷，目前研究尚未明确出现这种毒性作用的下限水平。对于年幼的儿童，低水平的铅暴露可能导致永久性中枢神经系统损伤。研究显示，血铅水平高于100μg/L会影响儿童的认知和行为发育，但已有研究显示，更低的血铅水平也可影响神经认知功能。此外，研究提示在儿童早期发生的铅中毒可造成永久性认知功能障碍，宫内铅暴露可能对婴儿的神经发育造成不良影响，且这种影响与出生后血铅水平无关。即使血铅浓度下降，但铅中毒对神经行为的影响也似乎持续存在，至少部分会持续到青春期和成人期。但也有研究者认为，这些影响的程度很小，不能在个体儿童水平进行解读。虽然研究不能预测血铅水平升高的个体儿童的IQ水平，但已明确的是，进行铅暴露预防可防止铅相关不良神经毒性反应出现。

2. 急性脑病 血铅水平超过100~1 500μg/L时可发生急性脑病，表现为持续性呕吐、意识状态改变或波动、共济失调、癫痫发作或昏迷。脑水肿的出现因人而异，年龄较小的儿童相比年龄较大的儿童更易出现脑水肿。铅中毒性脑病儿童可能出现抗利尿激素分泌异常、部分性心脏传导阻滞和明显的肾功能下降。

3. 听力损失 听力损失主要发生在高频段,可能造成学习障碍和行为问题。

4. 周围神经病变 周围神经病变罕见于单纯性铅中毒儿童,更常见于合并有镰状细胞贫血的儿童。血铅水平低至 200μg/L 时即可出现神经传导速度下降。

(二) 对血液-造血系统的影响

儿童铅中毒主要通过参与贫血发生的两大机制(即血红蛋白合成减少和溶血)而起到影响血液-造血系统的作用。已明确证实当血铅水平在 400μg/L 时,血红蛋白合成减少,这是由于铅干扰了血红素合成路径中的几个酶促步骤。长时间暴露于高水平的铅可使红细胞寿命缩短。急性高水平铅中毒(血铅浓度 >700μg/L)可导致溶血性贫血,红细胞破坏增多在成人中比在儿童中更显著,可能观察到红细胞脆性增加和渗透阻力下降,溶血程度不足以引发黄疸。实际上,铅中毒儿童的贫血可能是由铁缺乏引起,因为铅中毒和铁缺乏有相似的危险因素。

(三) 对泌尿系统的影响

在儿童中,铅水平即便低于 100μg/L,也可能对肾功能产生影响,尤其是持续了一段时间的铅暴露后。患儿可出现肾小管功能轻微异常,伴氨基酸尿、糖尿和低分子量蛋白排泄增加。铅性肾病是长时间高水平铅暴露的一个潜在并发症,组织学上以慢性间质性肾炎为特征。此外,当前水平的铅暴露可能导致铅相关肾毒性,主要见于糖尿病、高血压或有基础慢性肾脏病的成人。

(四) 对生长发育的影响

研究发现,在排除了各种影响因素后,儿童铅负荷升高影响身高、体重和胸围的发育。对非洲裔及墨西哥裔的美国女孩进行横断面研究也显示出暴露于铅环境可导致生长和青春期发育延缓。

另外,铅暴露儿童可能出现铅绞痛,包括偶发性呕吐、间歇性腹痛和便秘。铅可能通过对维生素 D 的作用来介导对细胞生长和成熟、牙齿和骨骼发育的毒性作用。

五、铅的检测与状况评价

血铅浓度能直接反映近期机体吸收铅的量,与食物链、空气铅浓度密切相关,全血铅浓度的测定是最有用的筛查和临床诊断的实验室检查方法。由于头发中的铅水平并不能提供准确的信息,因此不建议采用。部分铅中毒脑病儿童的腹部 X 线片可见到铅碎片。

检测血液中铅浓度是评价儿童铅暴露水平常用的方法。末梢血铅浓度检测常用于筛查和监测,静脉血铅浓度的测定则用于铅中毒诊断。对生长迟滞、语言功能障碍、贫血、注意力分散及行为功能障碍的儿童应进行血铅检测。学龄期儿童血铅浓度相对较低并不能排除早年铅中毒的情况,而对有亚临床症状者,应及时检测血铅浓度。在我国临床实践中,目前使用较多的血铅检测方法有:石墨炉原子吸收光谱法、微分电位溶出法和钨舟无焰原子吸收光谱法。各种方法都必须严格遵循《血铅临床检验技术规范》(卫医发〔2006〕10 号),从样品采集和处理直至检测的全流程均需严格防范外部污染,做质量控制。对血铅浓度较高的样本,复检时必须采用静脉血样。此外,也有操作简单、价格低廉、适用于筛查的血铅检测方法,如纸片筛查法。该方法只需将一滴血滴于特制的滤纸上,即可测定血铅水平。但对于筛查出的高血铅患儿,仍需用静脉血样测定准确的血铅水平。

铅对各系统造成的损害通常出现于亚临床阶段,大多数铅中毒儿童也都没有明显临床症状,由于缺乏典型的临床表现而很容易被忽视。因此,进行高危人群血铅监测是发现高水平铅暴露儿童的主要手段。

六、儿童铅暴露的防治

(一)儿童铅暴露预防

儿童高铅血症和铅中毒是完全可以预防的。通过环境干预、开展健康教育、有重点的筛查和监测,达到预防和早发现、早干预的目的。根据《儿童高铅血症和铅中毒预防指南》,儿童高铅血症和铅中毒预防的主要手段为健康教育、筛查和监测。

1. 健康教育 医务人员应向群众讲解儿童铅中毒的原因,铅对儿童健康的危害,可使铅进入儿童体内的不良卫生习惯和不当行为。通过对家长和儿童的指导,切断铅自环境进入儿童体内的通道。儿童患营养不良,特别是体内缺乏钙、铁、锌等元素时,可使铅的吸收率提高和易感性增强。因此,在日常生活中应确保儿童膳食平衡及各种营养素的供给,教育儿童养成良好的饮食习惯。

2. 筛查和监测 儿童铅中毒的发展是一个缓慢的过程,早期并无典型的临床表现,大多数只有通过筛查和监测才能被发现。应及时进行干预,以降低铅对儿童机体的毒性作用。对生活或居住在高危地区的 6 岁以下儿童及其他高危人群应进行定期监测:①居住在冶炼厂、蓄电池厂和其他铅作业工厂附近的;②父母或同住者从事铅作业劳动的;③同胞或伙伴已被明确诊断为儿童铅中毒的。

(二) 儿童铅暴露治疗

根据《儿童高铅血症和铅中毒分级和处理原则》,连续两次静脉血铅水平为 100~199μg/L 则为高铅血症,连续两次静脉血铅水平 ≥200μg/L 则为铅中毒,并依据血铅水平分为轻、中、重度铅中毒。①轻度铅中毒:血铅水平为 200~249μg/L;②中度铅中毒:血铅水平为 250~449μg/L;③重度铅中毒:血铅水平 ≥450μg/L。

在处理过程中遵循环境干预、健康教育和驱铅治疗的基本原则,帮助寻找铅污染源,并告知儿童监护人尽快脱离铅污染源;应针对不同情况进行卫生指导,提出营养干预意见;对铅中毒儿童应及时予以恰当治疗。

1. 脱离铅污染源 儿童血铅水平在 100μg/L 以上时,应仔细询问生活环境污染状况,家庭成员及同伴有无长期铅接触史和铅中毒病史。血铅水平在 100~199μg/L 时,往往很难发现明确的铅污染来源,但仍应积极寻找,力求切断铅污染的来源和途径。血铅水平在 200μg/L 以上时,往往可以寻找到比较明确的铅污染来源,应积极帮助寻找特定的铅污染源,并尽快脱离。

2. 卫生指导 通过开展健康教育与卫生指导,使广大群众知晓铅对健康的危害,避免和减少儿童接触铅污染源。同时教育儿童养成良好的卫生习惯,纠正不良行为。

3. 营养干预 对高铅血症和铅中毒的儿童应及时进行营养干预,补充蛋白质、维生素和微量元素,纠正营养不良和铁、钙、锌的缺乏。

4. 驱铅治疗 中度和重度铅中毒儿童除了上述干预措施之外,还需要进行驱铅治疗。通过驱铅药物与体内铅结合并排泄,以达到阻止铅对机体产生毒性作用的目的。

(戴耀华　李　涛　樊朝阳)

第二节　镉

镉(Cd)由于其特殊的理化性质,在现代社会生产、生活中被广泛应用。镉对碱性物质具有较强的耐腐蚀性,可用于钢、铁、铜和其他金属的电镀;镉是一种吸收中子的优良金属,可在核反应堆内减缓链式裂变反应速率,也可用于制造电池;镉的化合物颜色鲜明,大量用于生产颜料和荧光粉。

一、镉的理化性质

镉是一种银白色金属,原子序数48,熔点321℃,沸点765℃,有韧性和延展性。镉在潮湿空气中缓慢氧化并失去金属光泽,加热时表面形成棕色的氧化物层,加热至沸点以上会产生氧化镉烟雾。

在自然界中,镉的原始分布并不广泛,多以硫化镉的状态存在。环境中的镉污染通常来自含镉的生活垃圾、工业排放物和土壤。含镉产品(如电池等)经常随生活垃圾被丢弃；焚烧含镉废物时，镉会释放到大气中；矿场和有色金属冶炼厂的排放也是镉污染的重要来源。含镉的大气排放物和污水、污泥会导致土壤污染，使用含镉的磷肥也可使农用土地受到镉污染。镉很容易被长在含镉土壤中的谷物和蔬菜所吸收，进入食物链。吸烟是镉暴露的潜在重要途径，每天吸20支烟的人通过肺吸收近1μg镉。二手烟暴露与主动吸烟相似，也会引起血镉浓度的升高。值得重视的是，环境中的镉不能被生物降解，随着工农业生产的发展，受污染环境中的镉含量逐年上升。

二、镉的吸收与代谢

对于儿童而言，镉主要通过饮水和食物，经消化道进入体内。而经呼吸道进入体内的现象主要发生在吸烟、大气镉重度污染地区人群及职业暴露人群中。极少部分镉也可通过皮肤、头发的接触进入体内。每日经食物摄入的镉量有一定的地理差异，也有较大的个体差异，与食物的类型和摄入量有关。缺铁会增加胃肠道对膳食中镉的吸收。

镉经消化道吸收相对较差，生物利用度的最高估计值为10%。经呼吸道的吸收率要高得多，生物利用度可高达25%，但总吸收量还取决于吸入微粒的大小，小颗粒($<0.1\mu m$)更容易渗透进入肺泡，从而被吸收。一项针对224对孕妇及其新生儿的研究表明，镉的胎盘通透性(脐带血/母血比值)为0.41，在瑞典的研究结果是0.29，表明胎盘对镉有一定的屏障作用。进入体内的镉在肝脏、肾脏、肺部和骨骼等组织器官中蓄积，随着年龄增长，蓄积量增大。镉在人体内的半衰期长达10~30年，具有很强的生物蓄积性，主要通过尿液排泄，少量经过胆汁排泄。

肝脏、肾脏内广泛存在金属硫蛋白，其巯基能强烈螯合有毒金属(如镉)，防止游离镉离子干扰正常细胞功能，并将之排出体外，从而实现解毒功能。这也是镉在肝肾中显著蓄积的原因。当镉暴露量达到某个点的时候，镉负担超过肾脏的解毒能力，游离镉引起肾小管损伤、间质炎症,最终导致纤维化和肾小球损伤。

三、镉的生物学效应

镉对人体无益,相反对呼吸、泌尿、骨骼、心血管-血液及生殖系统均可产生毒性,还具有明显的内分泌干扰作用。镉具有很强的致癌性,研究发现其致癌的机制包括:①引起DNA损伤及抑制修复;②诱导系列原癌基因过度表达和抑癌基因表达减少;③引发钙依赖黏附素的表达减少,造成细胞黏附障碍等。镉引起肾小管上皮细胞凋亡,产生肾脏的毒性作用;引起骨钙和前列腺素 E_2(PGE$_2$)丢失,抑制骨胶原、基质及DNA的合成,影响骨生长;通过对睾丸的损伤、对睾丸生精过程中某些酶的影响以及对性腺分泌功能的影响,引起生殖系统毒性作用;通过抑制巨噬细胞对肿瘤的杀伤作用,降低巨噬细胞吞噬活性,破坏免疫系统;抑制抗氧化酶的活力,降低肝脏清除自由基能力,可引起肝细胞膜破碎和细胞溶解,造成肝脏损伤。也有研究表明,镉是弱致突变物。

四、镉暴露与疾病

目前还未发现镉暴露毒性的安全阈值。一般情况下,镉暴露均为慢性暴露,最初可能不会引起任何临床症状,但镉可随着时间推移在体内不断蓄积。如持续暴露于有镉的环境,就可能出现胚胎发育、肾脏、骨骼和肺相关的异常和疾病。镉对人体的损害作用存在明显的年龄差异,对儿童的损害比成年人严重。

(一)肺部

镉对肺部损害少见于儿童,多由急性职业暴露,短时间内吸入高浓度镉蒸气引起,可立即出现严重病情,甚至死亡。长期持续性吸入镉能导致阻塞性肺病、肺气肿及肺癌等慢性肺损伤性疾病。有实验数据和流行病学证据表明镉暴露与呼吸系统癌症有关,国际癌症研究机构(International Agency for Research on Cancer,

IARC)认为,应该将吸入性镉视为人类致癌物,但是世界卫生组织(WHO)对现有研究进行总结性评价,认为肺癌和肾功能障碍都应被视为镉暴露的"重要影响"。

(二)胚胎发育

虽然胎盘对镉有一定的屏障作用,但仍有部分镉可以通过胎盘和脐带运转到宫内胎儿体内,影响胎儿的生长发育。有前瞻性研究发现母体尿镉水平与女性胎儿出生时的体重、头围、胸围呈显著负相关关系。原因有二,一是随着胎盘中镉水平升高,通过胎盘和脐带转运到胎儿体内的锌受到影响,从而影响胎儿发育;二是因为镉具有的内分泌干扰作用。

(三)肾脏

肾脏是慢性镉暴露的主要靶器官,长期暴露会使肾小管损伤,早期主要以肾小管重吸收功能障碍为主,只能通过检查发现,表现为低分子量蛋白的排泄率增加。这种肾小管性蛋白尿几乎都不可逆,镉暴露停止后仍然存在。尽管存在肾小管损伤,但大多数患者的肾脏疾病可能不会进展。因此,仅有肾小管损伤的患者很少出现症状或临床表现明显的疾病。但有几种例外情况:有些个体因出现高钙尿症而出现肾结石,部分个体的估计肾小球滤过率(estimated glomerular filtration rate,eGFR)下降。多项流行病学研究表明,日本镉诱导肾病的地方性暴发与食用镉污染的大米有关。来自比利时、中国、日本和瑞典某些地区的其他研究表明,身体的高水平镉负担与肾功能障碍存在相关性。在更为严重的镉中毒病例中,患者出现肾间质损伤,甚至可能会进展为终末期肾病(end-stage kidney disease,ESKD)。有些因素还会增加镉的肾毒性,包括年龄、糖尿病和缺铁。在镉暴露水平一定的情况下,高龄者更可能出现肾毒性。可能是因为人体内镉负担随年龄增长而增加,同时,随年龄增长肾小管会发生退行性改变,更易发生镉诱导的肾小管损伤,并加快镉诱导肾功能障碍的发生。研究显示,在铁储备差、患糖尿病的人群中,肾小管损伤者的占比甚至更高。

（四）骨骼

骨骼是镉聚集的另一个靶器官，研究表明镉暴露可以引起骨矿含量下降。长期镉暴露引起骨病的报道最早见于居住在日本神通川人群食用镉污染河水灌溉稻田的稻米，引发"痛痛病"，出现多发性骨折、骨质疏松和骨软化症。多项观察性研究显示，骨质疏松和骨折与镉暴露存在剂量相关性。一般认为镉暴露造成骨矿量下降的主要原因是，镉可促进钙、磷排泄，降低维生素 D 在肾脏中的活性，最终导致钙的摄入及重吸收下降，从而使骨矿含量下降。

（五）心血管、血液系统

镉能够导致心肌内高能磷酸盐贮存量下降，降低心肌细胞收缩性和心血管系统的兴奋性，导致高血压、动脉粥样硬化、心肌病、血管内皮细胞损伤等心血管系统疾病。研究发现镉暴露还可以引起血液系统的损害，导致贫血。目前认为原因有三：一是由于外周血红细胞畸形导致的溶血；二是通过竞争十二指肠铁的吸收导致的铁缺乏；三是促红细胞生成素生成不足而出现的肾性贫血。

（六）生殖系统

镉对人类生殖系统损伤的严重程度、作用机制尚无确定的结论。多种哺乳动物实验表明睾丸是对镉毒性敏感的器官，急性镉中毒可引起睾丸屏障功能的破坏，出现睾丸水肿、出血、坏死等。也有研究报道镉可致精子数量减少及精液质量下降，造成男性生育能力下降。

五、镉的检测与状况评价

人体内的镉暴露情况，通常可通过对血液和尿液进行检测获得。

（一）血镉

血镉即血液中的镉，主要反映近期暴露情况，半衰期约为 2~3 个月。目前尚不能建立血镉含量与近期镉接触的准确关系。世界卫生组织（WHO）、美国职业安全卫生管理局（Occupational Safety and Health Administration, OSHA）、美国政府和工业卫生学家协会（American Conference of Governmental Industrial Hygienists,

ACGIH)以及我国均推荐以血镉 45nmol/L 作为职业接触镉的生物限值。目前尚无专门针对儿童的血镉限值推荐。

(二)尿镉

尿镉即尿液中的镉,可反映长期镉暴露情况,并可作为体内慢性镉中毒的检测指标,尿镉通常用单位比重或肌酐(Cr)来表示,WHO、OSHA 和 ACGIH 均推荐 5.05μmol/mol 尿镉为职业性接触者的生物限值,我国 GBZ17—2002《职业性镉中毒诊断标准》中将尿镉含量 5μmol/mol 肌酐(5μg/g 肌酐)规定为慢性镉中毒的临界值。目前尚无专门针对儿童的尿镉限值推荐。

另外,一些研究认为可以利用发镉、粪镉、肝镉、肾镉含量等作为反映相应的镉暴露指标,并将 α-微球蛋白、$β_2$-微球蛋白和视黄醛结合蛋白[5.1μmol/mol 肌酐(1 000μg/g 肌酐)]作为镉接触的生物标志物。

六、儿童镉暴露的防治

(一)预防

避免暴露是最重要的预防措施,可通过以下方式降低镉中毒概率:不吸烟并避免暴露于二手烟——吸入烟雾可增加镉中毒风险。食用清洁食物和水,通过食物的镉暴露应保持远低于 30μg/d。儿童家长做好职业防护,避免不必要的职业暴露,职业暴露应保持在技术上可行的最低水平,最好低于 0.005mg/m^3。

(二)治疗

目前没有好的方法来治疗镉中毒及其造成的健康问题。如果肾脏完全丧失功能,可能需要透析。如果一次性吸入大量的镉,需住院治疗,通常会收入重症监护病房(ICU)。如果摄入大量镉,可能需要螯合治疗,用药帮助镉排出体外,但需要确认不再会有镉暴露后才给予药物。若镉中毒造成骨骼脆弱或变软,可给予大量维生素 D 和其他药物以强健骨骼。

(戴耀华 李涛 樊朝阳)

第三节 汞

一、汞的理化性质

汞(Hg),又称水银,原子序数80,原子量200.59,为常温下唯一呈液态的普通金属。汞有多种生理功能,如消炎、美白、安神、利尿和驱虫等,汞在工业领域用途广泛。无机汞转化为有机汞的过程称为甲基化,甲基汞具有神经毒性。

(一) 物理性质

汞在空气中稳定,常温下蒸发出汞蒸气,汞蒸气有剧毒。汞在自然界中普遍存在,一般动植物和食物中都含微量的汞,可以通过排泄、毛发等代谢。

(二) 化学性质

汞可溶于硝酸和热浓硫酸,分别生成硝酸汞和硫酸汞,汞过量则出现亚汞盐。汞能溶解许多金属,形成合金,合金叫做汞齐。

汞易蒸发到空气中引起危害,原因如下。

1. 汞在0℃时已蒸发,每增加10℃,蒸发速度约增加1.2~1.5倍,空气流动时蒸发更多。

2. 汞不溶于水,可通过表面的水封层蒸发到空气中。

3. 汞黏度小而流动性大,很易碎成小汞珠,留存于工作台、地面等处的缝隙中,既难清除,又使表面积增加而大量蒸发,形成二次污染。

4. 地面、工作台、墙壁、天花板等的表面都可吸附汞蒸气,具有残留汞危害的问题。操作者衣着及皮肤上的污染可带到家庭中引起危害。

二、汞的吸收与代谢

(一) 汞的吸收

人体主要通过口服、吸入或接触等吸收金属汞或汞的化合物和盐而导致脑和肝的损伤。金属汞主要以蒸气形式经呼吸道进入体内,吸收率可达70%以上。汞盐及有机汞易被消化道吸收。医用温度计中泄漏的汞可通过皮肤吸收。

短时间(>3~5小时)吸入高浓度汞蒸气(>1.0mg/m^3)及口服大量无机汞可致急性汞中毒,服用或涂抹含汞的药剂可致亚急性汞中毒,职业接触汞蒸气常引起慢性汞中毒。

(二)汞的代谢过程

汞及其化合物可分布到全身多个组织,最初集中在肝,随后转移至肾。汞易透过血-脑屏障和胎盘,并可经乳汁分泌。汞主要经尿和粪排出,少量随唾液、汗液、毛发等排出。汞在人体内半衰期约60天。

(三)甲基汞对儿童健康的危害及毒理简介

无机汞转化为有机汞的过程称为甲基化,甲基汞(MeHg)摄入后可在体内蓄积,易透过血脑屏障和胎盘屏障,具有强烈的神经毒性作用,妨碍胎儿神经元的迁移且对发育期神经系统的毒性更为明显,从而对儿童产生毒性作用。毒性主要来自其与生物体内蛋白质和酶的结合,从而干扰生物的正常生理功能。最危险的汞有机化合物是二甲基汞[$(CH_3)_2Hg$],数微升($10^{-9}m^3$ 或 $10^{-6}dm^3$ 或 $10^{-3}cm^3$)二甲基汞接触皮肤就可以致死。

三、汞的生理作用

汞有消炎、美白作用,用于治疗皮肤病、神志不安、失眠、惊痫、利尿和驱虫等。汞的化合物有消毒、泻下、利尿作用,现已不用或罕用。

四、汞与疾病

汞中毒可造成发育畸形、儿童智力发育障碍、神经行为功能异常、孤独症等。水俣病是汞中毒的一种,是因食用被有机汞污染河水中的鱼、贝类所引起的甲基汞为主的有机汞中毒,或是孕妇摄入被有机汞污染的海产品后引起婴儿患先天性水俣病,是有机汞侵入脑神经细胞而引起的一种综合性疾病。该病因1953年首先发现于日本熊本县水俣湾附近的渔村而得名,属慢性汞中毒的一种。

汞中毒临床表现与进入体内汞的形态、途径、剂量、时间密切相关。

(一)急性汞中毒

1. **全身症状** 口内金属味、头痛、头晕、恶心、呕吐、腹痛、腹泻、乏力、全身酸痛、寒战、发热(38~39℃),严重者情绪激动、烦躁不安、失眠甚至抽搐、昏迷或精神失常。

2. **呼吸道表现** 咳嗽、咳痰、胸痛、呼吸困难、发绀,听诊可于两肺闻及不同程度干湿啰音或呼吸音减弱。

3. **消化道表现** 齿龈肿痛、糜烂、出血、口腔黏膜溃烂、牙齿松动、流涎,可有"汞线(mercurialline)"、唇及颊黏膜溃疡,可有肝功能异常及肝大。口服中毒可出现全腹痛、腹泻、排黏液或血性便。严重者可因胃肠穿孔导致泛发性腹膜炎,可因失水等原因出现休克,个别病例出现肝脏损害。

4. **中毒性肾病** 由于肾小管上皮细胞坏死,一般口服汞盐数小时、吸入高浓度汞蒸气2~3天出现水肿、无尿、氮质血症、高钾血症、酸中毒、尿毒症等,直至急性肾衰竭并危及生命。对汞过敏者可出现血尿、嗜酸性粒细胞尿,伴全身过敏症状,部分患者可出现急性肾小球肾炎,严重者有血尿、蛋白尿、高血压以及急性肾衰竭(acute renal failuer,ARF)。

5. **皮肤表现** 多于中毒后2~3天出现,为红色斑丘疹。早期于四肢及头面部出现,进而发展至全身,可融合成片状或溃疡、感染伴全身淋巴结肿大。严重者可出现剥脱性皮炎。

(二)亚急性汞中毒

常见于口服及涂抹含汞偏方及吸入汞蒸气浓度不甚高(0.5~1.0mg/m^3)的病例,常于接触汞1~4周后发病。临床表现与急性汞中毒相似,程度较轻。但可见脱发、失眠、多梦、三颤(眼睑、舌、指)等表现。一般脱离接触及治疗数周后可治愈。

(三) 慢性汞中毒

1. 神经精神症状 有头晕、头痛、失眠、多梦、健忘、乏力、食欲缺乏等精神衰弱表现，经常心悸、多汗、皮肤划痕试验阳性、性欲减退、月经失调(女)，进而出现情绪与性格改变，表现易激动、喜怒无常、烦躁、易哭、胆怯、羞涩、抑郁、孤僻、猜疑、注意力不集中，甚至出现幻觉、妄想等精神症状。

2. 口腔炎 早期齿龈肿胀、酸痛、易出血、口腔黏膜溃疡、唾液腺肿大、唾液增多、口臭，继而齿龈萎缩、牙齿松动、脱落，口腔卫生不良者可有"汞线"(经唾液腺分泌的汞与口腔残渣腐败产生的硫化氢结合生成硫化汞沉积于齿龈黏膜下而形成的约 1mm 左右的蓝黑色线)。

3. 震颤 起初穿针、书写、持筷时手颤，方位不准确、有意向性，逐渐向四肢发展，患者饮食、穿衣、行路、骑车、登高受影响，发音及吐字有障碍，从事习惯性工作或不被注意时震颤相对减轻。肌电图检查可见周围神经损伤。

4. 肾脏表现 一般不明显，少数可出现腰痛、蛋白尿、尿镜检可见红细胞。临床出现肾小管肾炎、肾小球肾炎、肾病综合征的病例少见。一般脱离汞及治疗后可恢复。部分患者可有肝大，肝功能异常。

五、汞的检测与状况评价

(一) 尿汞测定

1. 国内正常检测上限值 二硫腙热硝化法 $\leq 0.25\mu mol/L$ (0.05mg/L) 或原子吸收法 $\leq 0.1\mu mol/L$ (0.02mg/L)。

2. 临床意义 尿汞升高见于汞接触过量。进入体内的汞早期(6~9 天)主要经胃肠道排出，尿中排出量不大，在急性汞中毒早期，尿汞检查可为阴性。此后则主要经尿排出，一次大量摄入后，尿汞排出增加常可持续 3~6 个月。尿汞与脑内的汞沉积量无明显相关性，故无法用作汞中毒的诊断指标。

3. 检查过程 收集受检测者的尿液，用化学法检测。

4. 相关疾病 汞中毒,肾病综合征等。

5. 相关症状 头痛、头晕、腹泻乏力、口腔炎、流涎、少尿、牙齿"汞线"、神经衰弱、性格改变等。

(二) 血清汞测定

1. 正常上限值 1.5μmol/L(0.03mg/dl)。

2. 临床意义 增高常见于急性汞中毒,血汞与尿汞均增高。

3. 相关疾病 水俣病,汞中毒,多灶性运动神经病,淀粉样变性周围神经病,汞皮炎,糖尿病性周围神经病。

4. 相关症状 口痛、腹痛、恶心与呕吐、呼吸异常、腹泻、溃疡、咽痛。

5. 慢性汞中毒 具备明确的长期汞接触史,可有脑电图波幅和节律电活动改变,周围神经传导速度减慢,血中 $α_2$- 球蛋白和还原型谷胱甘肽增高,以及血中溶酶体酶、红细胞胆碱酯酶和血清巯基等降低。胸部 X 线片可见两肺广泛不规则阴影,多则融合成点、片状影,或呈毛玻璃样间质改变。

6. 急性汞中毒 尿汞明显增高具有重要的诊断价值。尿汞多不与症状体征平行,仅可作过量汞接触的依据。若尿汞不高,可行驱汞试验,以利确诊。

7. 诊断标准

(1)轻度中毒:具备汞中毒的典型临床特点,如神经衰弱、口腔炎、震颤等,程度较轻。

(2)中度中毒:若上述表现加重,并具有精神和性格改变,可诊断为中度中毒。

(3)重度中毒:合并有中毒性脑病,即可诊断为重度中毒。

六、汞的来源与参考暴露量

汞在工业及医疗等领域用途广泛,城市垃圾、废旧电池(全国每年产出 70 亿~80 亿只,而回收率只有 1.7%)、荧光灯管、工业废气、工业污水、燃煤、电镀、采矿冶金、鞣革、造纸、纺织、制药、农药等均可为汞的环境污染源,其中的甲基汞是一种重要的蓄积性环境污染物,可富集于水系生物链中,人类可通过食用鱼等水产品而导致甲基汞在体内蓄积。

汞能溶解很多金属,如金、银、锡、镉、铅等,形成合金,称为汞齐;汞也被使用在采矿业,将金子与杂质从矿石中区分开来;汞被使用于许多产品的制作。例如:灯具、电池、颜料、油漆、温度计、鞣革等;疫苗中常用防腐剂汞;某些化妆品中含有大量的汞;儿童补牙所用的充填剂也可能含汞。

吃鱼是汞的主要食物链暴露途径:一些物质在不同的生物体内经吸收后逐级传递,不断积聚和浓缩,最后形成生物富集或生物放大作用。例如,海水中汞的浓度为 0.000 1mg/L 时,浮游生物体内的汞含量可达 0.001~0.002mg/L,小鱼体内可达 0.2~0.5mg/L,大鱼体内可达 1~5mg/L。大鱼体内的汞可比海水含汞量高 1 万~6 万倍。

慢性毒性:长期在空气汞浓度高于 $0.01mg/m^3$ 环境下工作或生活,可致慢性汞中毒。空气汞浓度在 $0.014~0.017mg/m^3$ 时,慢性汞中毒发病率为 3.5% 左右;空气汞浓度 $0.02~0.04mg/m^3$ 时,约为 4.5% 左右;空气汞浓度 $0.05~0.10mg/m^3$ 时,约为 5%~12%。车间空气中汞最高容许浓度为 $0.001mg/m^3$。

急性毒性:人吸入浓度为 $0.5~1.0mg/m^3$ 的汞蒸气 1~4 周,可致亚急性汞中毒;吸入浓度为 $1~3mg/m^3$ 的汞蒸气 3~5 小时即可致急性中毒,出现呼吸道刺激症状,严重时还可致化学性肺炎,人一次性吸入 2.5g 汞被加热后所产生的汞蒸气可致死。

七、儿童汞暴露的防治

(一) 急救处理

口服汞及其化合物中毒者,应立即用碳酸氢钠或温水洗胃催吐,然后口服生蛋清、牛奶或豆浆,吸附毒物,再用硫酸镁导泻。吸入汞中毒者,应立即撤离现场,更换衣物。

(二) 驱汞治疗

急性汞中毒可用 5% 二巯丙磺钠溶液,肌内注射;以后每 4~6

小时 1 次，1~2 天后，每日 1 次，一般治疗 1 周左右。也可选用二巯丁二钠或二巯丙醇。治疗过程中若患者出现急性肾衰竭，则驱汞应暂缓，而以肾衰抢救为主，或在血液透析配合下作小剂量驱汞治疗。慢性汞中毒驱汞治疗常用药物 5% 二巯丙磺钠溶液，肌内注射，每日 1 次，连用 3 天，停药 4 天为一疗程。根据病情及驱汞情况决定疗程数。

(三) 对症支持治疗

补液，纠正水、电解质紊乱，口腔护理，并可应用糖皮质激素改善病情。发生接触性皮炎时，可用 3% 硼酸湿敷。

有机汞接触史一旦确定，则无论有无症状皆应进行驱汞治疗。方法同慢性汞中毒，但第 1 周应按急性汞中毒处理；口服中毒者则应及时洗胃。对症支持疗法对有机汞中毒尤为重要，主要用于保护各重要器官特别是神经系统的功能，因单纯驱汞并不能阻止神经精神症状的发展。

(四) 预防

1. 用无毒或低毒原料代替汞，如用电子仪表代替汞仪表，用酒精温度计代替金属汞温度计。

2. 冶炼或灌注汞时应设有排气罩或密闭装置，以免汞蒸气逸出，定期测定环境空气汞浓度。汞作业环境的墙壁、地面和操作台的表面应光滑、无裂隙，便于清扫除毒。环境温度不宜超过 15~16℃。环境空气中汞最高容许浓度为 $0.001mg/m^3$。

3. 汞作业工人应每年体格检查一次，及时发现汞吸收和早期汞中毒患者，以便及早治疗，含汞废气、废水、废渣要处理后排放。

4. 家庭汞泄漏时，如果还有液体，应将硫粉撒在上面，让其反应。如果已经挥发，须注意室内通风，不能用手直接接触汞，以免发生皮肤过敏。

(彭咏梅)

第四节 铝

铝(Al),化学元素,原子序数13,原子量26.981 5,是一种环境中分布最广泛的金属,占地壳构成物质的8%以上。铝在工业领域用途广泛,对人体无明显生理功能,中毒剂量的铝可造成大脑神经退化,对中枢神经系统、消化系统、骨骼肌肉系统、泌尿系统、造血系统、免疫功能等均有不良影响。

一、铝的理化性质

铝有良好的导电性、导热性及延展性,工业上用途广泛,如航空航天、汽车船舶、建筑、电器电缆、包装材料、原油精炼和石油裂解;制造烹饪器具和箔、印刷油墨、玻璃、陶器、烟花、炸药、手电筒、电绝缘体、水泥、油漆和清漆、熏蒸剂和杀虫剂、润滑剂、洗涤剂、化妆品、药物、疫苗、水处理和净化、制革、血液透析、阻燃剂和防火剂、防腐剂、防结块食品添加剂以及烘干粉和着色剂成分等。

二、铝的吸收与代谢

铝元素非人体所需,对人体危害严重。胃肠道吸收是人类全身累积铝的主要途径,铝的吸收部位主要在十二指肠,也可通过小肠远端和结肠吸收,胃肠道对铝的摄取是一个复杂的过程,受到个体差异、年龄、pH值、胃容物和铝化合物类型等多种因素的影响。吸收率为0.3%~0.5%。60%通过肾脏排泄,40%形成难溶的磷酸铝随粪便排出。

据报道,健康人体内铝的总重约为30~50mg/kg体重,血清中铝的正常水平约为1~3μg/L,血液透析患者的血清铝值比未接触者高10倍。

三、铝的生理作用

(一) 铝的生理作用

铝离子在新陈代谢过程中尚未被证实具有生理功能,人体每天从饮食中摄入约 10~18mg 的铝,其中大部分经消化道随粪便排出,小部分在睾丸、肾、脾、肌肉、骨骼和脑组织内蓄积。

(二) 铝的毒性作用

铝的毒性作用多种多样,能够引起多系统的全身性中毒。近期研究显示,人体若蓄积铝过多,会对脑组织及智力发展产生危害,引起大脑神经退化,记忆力衰退,智力和性格也受到影响,甚至出现阿尔茨海默病。阿尔茨海默病或精神异常患者脑内含铝量比正常人高 10~30 倍。当体内铝蓄积量超过正常值的 5~16 倍时,可抑制肠道对磷的吸收,干扰体内正常的钙、磷代谢。

铝在哺乳动物组织中的积累引起的中毒与各种病理效应有关,最近关于生殖毒性作用、肺损伤、对乳房的影响、骨异常、免疫毒性和神经系统紊乱等均可见报道。

铝的毒性作用还包括氧化应激、免疫改变、基因毒性、促炎作用、肽变性或转化、酶功能障碍、代谢紊乱、淀粉样变、膜损坏、铁代谢失调、细胞凋亡、坏死和发育不良等。

四、铝与疾病

动物和人类通过吸入气溶胶或颗粒、摄入食物、水和药物、皮肤接触、接种疫苗、透析和输液等途径摄入铝,并可致中毒事故发生。

体内铝过多对中枢神经系统、消化系统、骨骼肌肉系统、泌尿系统、造血系统、免疫系统等均有不良影响,同时也会干扰孕妇体内的酸碱平衡,使卵巢萎缩,影响胎儿生长并影响机体磷、钙的代谢等。铝在大脑和皮肤中沉积,还会加快人体的整体衰老过程,特别明显地使皮肤弹性降低、皱纹增多。近年来又发现阿尔茨海默病的出现也与平时过多摄入铝元素有关。

主要疾病有肺泡蛋白质中毒、肉芽肿和纤维化、中毒性心肌炎、血栓形成和缺血性脑卒中、肉芽肿性肠炎、克罗恩病、炎症性肠病、贫血、阿尔茨海默病、痴呆、硬化症、孤独症、巨噬细胞性筋膜炎、骨软化、少精子症和不孕症、肝肾疾病、乳腺癌和囊肿、胰腺炎、胰腺坏死和糖尿病。

1989年，WHO正式将铝确定为食品污染物。2017年10月27日，WHO国际癌症研究机构将铝制品列入一类致癌物清单中。

五、铝的检测与状况评价

可通过检测血、骨、尿、粪中的铝，指导诊断和治疗，确定其负荷及与中毒的关系。可通过多种分析方法测量生物材料中的铝含量，包括加速器质谱法、石墨炉原子吸收光谱法、火焰原子吸收光谱法、电热原子吸收光谱法、中子活化分析、电感耦合等离子体原子发射光谱法、感应耦合电浆质谱分析仪和激光微探针质谱法等。

每天铝摄入量>1g，会使体内及血清含铝量增高。危害神经系统，影响钙磷代谢，使免疫功能下降，生殖系统功能受损等。

六、铝的来源与参考暴露量

（一）人体铝的主要来源

可通过吸入气溶胶或颗粒，摄入食物、水和药物，皮肤接触，接种疫苗，透析和输液等途径摄入铝。

1. **食品**　常见含铝的食品添加剂有油条中的明矾，油饼中的铝盐，发酵粉和膨松剂。中国7~14岁儿童膳食铝摄入的主要来源是膨化食品。

2. **铝制品**　使用锅、壶、盆、易拉罐等铝合金制品，尤其在烹调时加醋调味时，可增加铝的摄入。

3. **药品和饮用水**　食用明矾或其他铝盐做的净水剂和某些药物均为人体铝的来源。

(二) 参考暴露量

世界卫生组织在 20 世纪 80 年代初,推荐成人摄铝<60mg/d 或<1mg/(kg·d)。国内自来水铝限量为 200μg/L。我国《食品添加剂使用标准》(GB2760-2011)中规定,铝的残留量要 ≤100mg/kg。以此计算,一个体重 20kg 的儿童每天吃油条不能多于 120g。

中国疾病预防控制中心(Chinese Center for Disease Control and Prevention,CDC)监测显示,中国居民日常膳食中铝含量较高,已成为威胁健康的隐患,而儿童摄入铝的危害更大。据中国 CDC 调查,我国居民平均每天铝摄入量为 34mg,这对成人可以承受,但对儿童来说已经超过承受能力,因此铝对儿童健康危害应引起足够重视。

七、儿童铝暴露的防治

(一) 防止摄入和吸收过多的铝

1. 避免使用铝制炊具。
2. 减少食用含铝发酵剂制作的食物,如炸油条、膨化食品。减少食用铝包装的糖果等食品,少喝易拉罐装的软饮料。
3. 避免长期服用铝制药物,少用或不用含铝的制酸剂,可预防患者吸收大量的铝,也可防止含铝粪便污染环境和农作物。
4. 减少自来水中的含铝量,在用铝壶烧开水时,水沸腾即可倒出,不要烧开后继续长时间加热,使水中铝含量增加。除保护环境外,不要用铝制的水管,以避免铝污染。

(二) 铝中毒的治疗

可以通过一般治疗、药物治疗、血液净化治疗、导泻治疗、吸氧治疗等方式进行解毒。

1. 一般治疗 口服铝中毒者,应立即停止使用含铝药物,并使用清水、肥皂水等进行洗胃,注意休息,避免过度劳累。吸入铝中毒者,应及时转移到通风的环境中,并及时进行呼吸道清理。

2. 药物治疗 若有明显的不适症状,可使用碳酸氢钠溶液、高锰酸钾溶液等进行洗胃,促进铝的排出。

3. 血液净化治疗 如果上述治疗方式效果不佳,也可通过血液净化治疗,能够清除血液中的铝,从而改善症状。

4. 导泻治疗 可使用硫酸镁溶液、乳果糖溶液等药物进行导泻治疗,促进肠胃蠕动,改善症状。

5. 吸氧治疗 呼吸困难者,可通过吸氧治疗,维持体内氧气的正常供应,改善不适症状。

(彭咏梅)

参 考 文 献

1. 中国冶金百科全书总编辑委员会《金属材料卷》编辑委员会. 中国冶金百科全书: 金属材料卷. 北京: 冶金工业出版社, 2001.
2. 尚红, 王毓三, 申子瑜. 全国临床检验操作规程. 4 版. 北京: 人民卫生出版社, 2014.
3. 中华人民共和国卫生部. 卫生部关于印发《儿童高铅血症和铅中毒预防指南》及《儿童高铅血症和铅中毒分级和处理原则(试行)》的通知. 2006.
4. 李廷玉, 戴耀华. 儿童环境健康. 重庆: 重庆大学出版社, 2011.
5. World Health Organization. Cadmium. Environmental Health Criteria. Geneva: WHO, 1992.
6. BERNHOFT RA. Cadmium toxicity and treatment. Scientific World Journal. 2013, 2013: 394652.
7. Agency for Toxic Substances and Disease Registry. Toxicological profile for aluminum. Atlanta, GA: U. S. Department of Health and Human Services, 2008.
8. ARAIN MS, AFRIDI H, KAZI TG, et al. Correlation of aluminum and manganese concentrations in scalp hair samples of patients with neurological disorders. Environ Monit Assess. 2015, 187 (2): 10.
9. ARNOLD SE, ARVANITAKIS Z, MACAULEY-RAMBACH SL, et al. Brain insulin resistance in type 2 diabetes and Alzheimer's disease: concept and conundrums. Nature Rev Neurol. 2018, 14 (3): 168-181.
10. CAO Z, FU Y, SUN X, et al. Aluminum inhibits osteoblastic differentiation through inactivation of Wnt/β-catenin signaling pathway in rat osteoblasts. Environ Toxicol Pharmacol. 2016, 42: 198-204.

第四章
矿物质制剂的合理应用

人体内含有近30种必需矿物质,这些矿物质含量不一,遍布全身。尤其是微量矿物质,尽管在体内以微克或毫克为单位计量,但其作用却不容忽视。它们在机体内发挥着多种多样的功能,其作用机制十分复杂,不仅涉及自身的理化性质、在体内的代谢过程以及与某些疾病的关系,还包括矿物质之间的相互作用以及它们与其他营养素之间的相互影响。这些因素共同作用,维持着人体健康的最佳状态。为了更合理地应用矿物质,本章将深入探讨矿物质之间的相互作用,以及矿物质与维生素的相互影响。

第一节 矿物质间的相互作用

人体内各种矿物质在发挥其各自的生理功能的同时,会表现出协同或拮抗等不同的相互作用,以达到生命所需要的最佳平衡状态。保持这种平衡是一个非常复杂的过程,目前发现的具有拮抗关系的矿物质多于具有协同作用的矿物质,但对这些矿物质的了解主要集中在它们的缺乏或毒性方面,对它们之间的相互作用研究很少,对整个过程及具体机制的了解还不够深入,有待进一步研究。

一、微量矿物质之间的相互作用

微量矿物质对儿童生长发育非常重要,其缺乏症或不足在儿童生长发育过程中普遍存在,因此,联合补充是一种很受关注的策略。然而,人们对这些矿物质之间的相互作用知之甚少。

(一) 铁与锌之间的相互作用

铁缺乏是全球最普遍的营养缺乏问题,影响着超过30%的世界人口,是世界上许多国家的主要公共卫生问题之一。多年来,尽管人们使用了多种方法来控制缺铁性贫血,但全球贫血患病率仅有轻微下降。矿物质间的相互影响是导致这一现象的原因之一。

机体通过调节铁代谢的各个环节以维持铁的一种稳定的平衡状态,预防体内铁缺乏或过分蓄积。然而,这种稳态受到外界环境的各种干扰,各种矿物质的相互作用就是干扰因素之一。如铁和锌均为人体必需的微量元素,由于类似的离子性质,他们相互影响肠细胞之间的运输和吸收。细胞锌可调节人体内的铁吸收浓度,主要与铁和锌转运蛋白的作用、铁锌在某些位点的相互作用,以及与局部和系统层面的互动等有关。锌缺乏可能是世界上大部分缺铁性贫血的原因之一。

当铁和锌离子总量>25mg时,它们之间的相互作用和竞争抑制可能会显著影响人体对锌的吸收。这是因为这些化学性质相似的矿物质会竞争相同的吸收途径,即非血红素铁和锌的共同吸收途径,这一点已在动物实验和临床研究中得到证实。因此,在婴儿配方奶粉、实验性缺锌饮食以及产前孕妇使用的含高量铁的维生素矿物质补充剂等相关研究提示,饮食中过高的铁/锌比值是决定性的影响因素。为了降低锌对铁吸收的抑制作用,有意识地调整人们膳食和治疗性营养补充剂中的铁锌比,可能是解决问题的办法。

缺铁和缺锌的情况普遍存在,铁和锌的缺乏与婴儿期和儿童期迟发性贫血、生长发育迟缓、感染性疾病发病率增加有关。因此,联合补充铁和锌可能是一种合理有效的预防策略。

许多儿童的饮食都缺乏铁和锌,单独补充锌似乎并未对铁的状态有明显的临床负面影响,不会增加贫血或缺铁性贫血的患病率。大多数研究认为补充铁也不会影响锌的生化状态,但有证据表明它们之间存在着消极的相互作用。然而,当锌与铁一起补充使用时,铁指标的改善(如降低贫血患病率和增加血红蛋白和血浆铁蛋白浓度)不如单独补充铁时那么明显。尽管一些试验表明铁和锌的联合补充剂对生化或功能结果的影响不如单独补充两种矿物质,但也没有强有力的证据表明不能联合补充。有研究报道单次补充锌能显著改善生长发育,单次补充铁能显著改善生长和精神运动能力发育,但联合补充铁和锌对生长或发育的影响没有显著差异。

在东南亚的一项多国试验中,联合补充铁和锌改善了婴儿的铁和锌状况,但由于两者相互作用导致疗效降低。在合并补充铁和锌时,可降低贫血患病率21%和锌缺乏患病率10%,效果不如单独补充铁(贫血患病率降低28%)或锌(锌缺乏患病率降低18%)。铁降低了补锌的效果,而补锌影响了血红蛋白浓度的增加。从而认为铁和锌的联合补充可安全有效降低贫血及铁锌缺乏的发病率,但疗效稍有差异。补充锌可能会对铁的状况产生负面影响。

锌作为单独的补充剂或与其他矿物质、维生素的复合制剂,其生物利用率差异很大。膳食中某些矿物质可以影响锌的吸收,药理剂量的无机铁也可以降低锌的吸收效率,这可能是因为高浓度

的 Fe^{2+} 与锌转运蛋白之间的相互作用,也可能是因为铁和锌在与二价金属离子转运体相结合的过程中相互竞争。此外,血红素铁对锌的吸收也有抑制作用。

现有数据表明,锌对铁状态的影响既有积极的一面,也有消极的一面,可能与它们的代谢机制有关。因此,在治疗低铁血症和缺铁性贫血的同时,建议评估其他微量元素水平时的铁稳态。在评估其他微量元素的同时校正铁缺乏状态,可能有助于减少或增加可能的拮抗作用或协同作用。

大多研究认为常规治疗剂量同时补锌、铁,对缺锌小儿合并贫血治疗有积极作用。可安全有效地降低缺铁性贫血和缺锌症。有研究报道单独补充铁会增加腹泻发生率,但添加锌可有效减少腹泻发生率。

在动物实验研究同样报道了铁与锌的相互作用,大鼠在铁缺乏时铁与锌的吸收率显著高于铁正常时,补铁后铁缺乏大鼠与铁正常大鼠的铁、锌吸收率均明显下降,锌吸收率随补铁量增大而明显降低。

(二) 铜与铁、锌之间的相互作用

铜是人体必需微量元素,广泛分布于生物组织中,主要以有机复合物形式存在,其中很多是金属蛋白,以酶的形式发挥功能。膳食中锌、铁、钼等矿物质营养素均会对铜的吸收利用产生不利影响,尤其是当这些矿物质摄入过量时。婴儿或成人摄入大剂量的锌都可能出现铜缺乏的症状,甚至低水平的锌摄入量也可能影响人体的铜营养状况。由于婴儿的消化系统以及对铜的吸收和排泄调节功能均未完全成熟,对铜的生物利用更易受到各种矿物质、纤维和蛋白质来源的影响。

人体和动物实验表明,过量的锌摄入或铁摄入均可干扰铜的吸收,影响铜的营养状态。过量的锌可以诱导肠道内金属硫蛋白的合成,继而与铜结合,将其隔离在肠细胞中,阻碍铜的吸收。但锌:铜值在 15:1 或更低时,这种影响似乎很小。铜对高剂量的锌特别敏感,摄入锌 50mg/d 即可影响铜营养状态的指标(如红细胞铜锌超氧化物酶)。锌摄入量达 450~660mg/d 时,可观察到铜和铜蓝蛋白水平较低以及贫血。有报道称,镰状细胞贫血患者接受锌治疗时,出现的低铜血症是由锌诱导铜的缺乏所致。这种疾病的患者体内会出现铜的异常累积,因而这一理论被用于抑制此类患者对铜的吸收。

动物实验证明,猪饲料中锌过量可引起铜代谢紊乱,干扰铜的吸收,降低肝、肾及血液中含铜量,导致贫血;而铜不足可引起锌过量和中毒。高铜饲料所引起的肝损伤可通过加锌缓解。镉可干扰铜的吸收,饲料中镉过多会降低动物体内血浆含铜量。

铜的重要生物学功能之一是作为催化剂,保证铁的正常释放和维持内稳态。铜参与铁的代谢和红细胞生成,铁的利用过程也离不开铜的参与。尤其对于婴儿而言,铜与铁的协同作用最为关键。铜蓝蛋白和亚铁氧化酶Ⅱ可氧化铁离子,使其结合到转铁蛋白,对生成转铁蛋白起主要作用,并可将铁从小肠腔和储存部位运送到红细胞生成部位,促进血红蛋白的合成。故缺铜时红细胞生成出现障碍,可产生寿命短的异常红细胞,导致缺铜性贫血。正常骨髓细胞的形成也需要铜,缺铜可引起线粒体中细胞色素C氧化酶活性下降,导致贫血。铜蓝蛋白功能缺陷还可使细胞产生铁的积聚。

关于铁、锌和铜在动物和人类体内的相互作用,有研究报道,无论是低摄入量还是高摄入量都会影响它们的利用率以及其余两种物质的代谢。铜缺乏可损害肝脏铁储备的动员,而铜过量则可抑制肠道吸收铁和锌。过量的铁可以拮抗铜和肠黏膜中的锌,降低铜的吸收。锌过量通过降低铜的生物利用度对铁平衡产生不利影响。这些矿物质相互作用的发生取决于食物中各成分的比例及其总和。应注意这些相互关系在人类营养中具有重要的实际意义。

在研究锌、铜和铁的生化作用、毒性及相互作用时,研究者认为这些相互作用可能影响矿物质的生物利用度,会导致某些矿物质营养不足或毒性。但是在同一时间内,人类关于这些矿物质之间相互作用的数据存在矛盾。同样,在建立关于铜和铁等矿物质之间的不平衡或相互作用的影响的统一假设之前,还需要进一步的研究,这将有助于确定饮食需求和评估其对人类和动物健康的影响。

(三) 硒与铜、锌、镉和汞之间的相互作用

有研究表明,铜与硒的相互作用能明显缓解高水平硒对动物生殖系统的毒性效应,其主要表现为减轻高水平硒对睾丸精子生成过程的阻断作用。

硒(Se)是生物体所必需的一种微量元素,也是公认的重要微量元素,有时会被添加到饮食中。近年来,营养物质与毒性物质的交互作用已成为新兴研究领域。硒与金属的结合力很强,可与体内的汞、铅、镉等许多重金属结合,形成金属硒蛋白复合物,从而发挥解毒、排毒作用。硒化物可拮抗重金属毒性,这是其重要功能之一。

研究表明,硒可拮抗汞的毒性,在一定程度上保护动物免受或少受汞的危害。Parizek 和 Ostadolova 曾报道,亚硒酸钠可以有效降低汞对老鼠的毒害作用。Koeman 等用海洋哺乳动物,Ohi 等用金枪鱼所做的试验结果也都说明硒对汞毒性的抑制作用。关于硒拮抗汞中毒的机制目前并不完全清楚。有关研究认为,生物体内硒对汞的甲基化过程有明显的抑制作用,汞在生物体内的毒性与硒含量密切相关,汞与硒的相互作用主要表现在生成不溶的化合物,促使汞去甲基化,或通过硒相关酶的抑制作用被直接排出体外,从而抑制汞的毒害作用。

陈珊珊等在土壤-植物系统中研究硒与重金属汞、镉的相互关系中报道,硒与汞、硒与镉之间存在拮抗作用:施硒后小麦与高粱生育期各器官中汞和镉的含量均低于未施硒的对照组,这说明硒对汞和镉具有明显的抑制作用。研究同时发现硒的吸收与镉有关,同硒水平比较时,随着施镉量的增加,小麦与高粱生育期各器官中硒的含量逐渐降低,当施镉浓度达到 1.2mg/kg 时,其抑制作用达到显著水平。然而,汞对硒的吸收抑制作用极弱。

付强等报道运用极谱分析法,在非缓冲溶液中降低了 Hg^{2+} 浓度的条件下,不同硒化合物与锌、镉和汞相互作用时,锌、镉和汞 3 种金属阳离子均可以和不同浓度及溶解度的亚硒酸盐形成化合物,而硒代甲硫氨酸不与 Cd^{2+} 反应,但可以与 Zn^{2+} 形成配位数为 1 的可溶性配合物。同时发现随着硒代甲硫氨酸浓度增加,Hg^{2+}

浓度会下降。实验证明,硒脲不与 Zn^{2+} 反应,但可以与 Cd^{2+} 形成具一定溶解度的化合物。

缺乏硒、铁及维生素 A 可加重碘缺乏的临床症状,硒缺乏与碘缺乏有相互加重的作用。

(四) 镉与铁、锌、硒、铜、汞、钙的相互作用

美国毒物与疾病登记署(Agency for Toxic Substances and Disease Registry,ATSDR)和环境保护署(Environmental Protection Agency,EPA)将镉列为第七位危害人类健康的有毒物质。妊娠过程中镉暴露可导致胎盘结构改变、胎盘物质转运功能失调、早产、胎儿发育受损和出生体重下降等。大量动物实验已证实,缺乏钙、铁、锌、铜、硒等营养元素可增加镉在母体、胎儿中的蓄积,和/或加重镉的毒性作用;而补充这些营养元素则可减少镉的蓄积,和/或减轻镉的毒性作用。

镉和汞作为外源性有害污染物,随着暴露时间延长会表现出累积效应,有报道称 $0.01\mu mol/L$ 的镉与汞单独或联合染毒可以刺激细胞的生长,但 $1\mu mol/L$ 的镉、汞单独或联合染毒可显著抑制细胞的生长;另有研究表明镉与汞单独或联合染毒可引起人胚肝细胞(L02 细胞)的 DNA 损伤和细胞凋亡,且存在一定的剂量-效应关系,镉与汞联合作用表现为相加效应。

已知镉的许多毒性作用均源于其与一些必需微量元素(包括锌)的相互作用,这些相互作用可以发生在镉、锌的吸收、分布和排泄等不同阶段,也可以发生在锌发挥生物学功能的阶段。一方面,镉是锌的拮抗物,可影响锌的吸收并干扰其功能发挥;另一方面,膳食锌摄入量对镉的吸收、蓄积和毒性等都有重要影响作用。体内锌的营养状况与镉的毒性密切相关。大量研究表明,增加锌摄入量可以降低镉的吸收和沉积,预防或减轻镉的毒性作用;反之,锌缺乏可以加重镉的沉积和毒性。

(五) 铅与镉、钙、铁、锌、硒、铜等的相互作用

高铅血症和铅中毒可影响机体对铁、锌、钙等元素的吸收,当铁、锌、钙等元素缺乏时,机体对铅毒性作用的易感性增强。

膳食中锌、铁和硒可影响人体对铅毒性的敏感性。铁缺乏可

使铅吸收和毒性增强,铅可影响血红素合成途径中铁的代谢。由于缺铁本身可影响儿童智力发育,因此铅暴露和铁缺乏与儿童认知行为发育损伤可能有一定关系。动物和人体实验均证实,缺铁会增加铅的吸收,铅可降低肝脏内铁的储存。

铅和锌之间存在相互拮抗作用,研究表明,铅有拮抗机体内锌代谢的作用,而锌对机体内铅毒性具有保护作用。锌的营养状况可影响组织中铅蓄积和机体对铅毒性的敏感性,铅导致的锌缺乏可能会抑制血红素合成和药物代谢,影响血中含锌酶的活性;此外,锌在一定程度上还可拮抗铅对细胞的毒性作用。在对抗铅中毒时,某些元素(如维生素 C、钙等)也可发挥一定作用。

有研究报道,在未对母鼠孕期体重增长产生不良影响的铅、锌剂量下,母鼠孕期铅染毒可降低仔鼠成活率,抑制仔鼠体重增长,延迟仔鼠生理发育及新生鼠的反射发育时间。仔鼠脑组织中单胺类神经递质合成与代谢紊乱,MDA 含量明显增加。而母鼠孕期给锌对仔鼠成活率和体重增长未见明显的保护作用。等摩尔锌对仔鼠新生反射发育有明显的干预效果,锌还可抑制铅所致仔鼠脑组织 MDA 含量增加。在铅染毒同时给半量的锌,反而使仔鼠生理发育时间明显延迟,并促进多巴胺和 5-羟色胺的分解。因此,孕期铅染毒对仔鼠生理发育与行为能力有不良影响,锌的浓度不同,所表现的联合作用类型也不同,这表明锌与铅的相互作用是十分复杂的。利用锌拮抗铅的神经毒作用时,应持慎重态度。

另有研究报道,给予铅暴露儿童铁补充后,铁营养状况显著改善,但血铅浓度不会减少。补充锌也不能独立降低血铅浓度。因此,应慎重考虑是否将铁和锌用于铅暴露儿童的治疗。

硒可轻度拮抗铅毒性。许多国外学者报道,硒与铅同时进入机体时,硒可以减弱铅的毒性。一些研究指出,低浓度硒($<0.5ppm$)具有保护作用。

有研究发现,进入机体的钴与铅刺激造血,抵销了铅单独作用时对造血的不良作用。

铅和镉是较为常见的环境污染物,进入机体后可引起各种毒性作用。两者均可对听力造成损害。锌、硒是生物的必需微量元素,铅、镉的过量摄入可影响人体锌、硒水平;反之,锌、硒又能促进铅、镉的排泄,减轻铅、镉毒性。实验表明,锌、硒可能在一定程度上减轻铅、镉引起的听力损伤。

顾金龙等有关毒性元素(铅、镉)和营养元素(钙、铁、锌、硒、铜)对学龄前儿童生长发育影响的研究表明,学龄前儿童的发铅与身高和智商呈负相关,发镉与身高和智商呈负相关,发铁与身高和智商呈正相关,发锌与身高和智商呈正相关,发钙与身高和体重呈正相关,发铜与身高和体重呈正相关,发硒与身高呈正相关。

铅与镉被金鱼吸收积累过程中相互作用的研究表明,在混合暴露条件下,保持镉暴露量不变,增加铅的投放量,鳃镉与肝镉含量与单独暴露的结果无显著性差异,但肾镉含量则随铅暴露浓度增加而减少。保持铅浓度不变,增加镉的投放量可导致鳃铅和肾铅含量下降。在镉、铅顺序暴露后,未观测到鳃、肝和肾铅含量的规律性变化。

从钙、锌对玉米幼苗吸收镉、铅的影响研究结果可以看出,钙和锌对玉米幼苗镉与铅的吸收和运输具有抑制作用,且不随着镉与铅浓度在一定范围内的增大而减弱。

(六)其他微量矿物质之间的相互作用

其他微量矿物质营养素之间的相互作用研究较少,仅有少量报道。

1. 钼可能通过扩散与主动转运两种方式跨肠道转运,有研究表明,钼的吸收和贮留受钼和硫的各种形式之间交互作用的影响很大。日常膳食中的铜和硫酸盐影响钼在人体中的吸收,各种含硫化合物对钼的吸收有很强的抑制作用,如硫化钼口服后只能吸收5%左右。在大鼠和雏鸡中,饲料中含过量的钨可加重钼的缺乏。钼过量会增加尿铜排泄量。

2. 硼对人体具有有益的生物活性作用。许多动物实验表明,缺硼会影响骨骼和脑的发育,影响某些营养素(如钙、铜、镁、维生素 D 等)的代谢。绝经后女性饮食中缺硼时,尿钙排泄会增加,补充硼则有助于预防钙丢失及骨骼脱矿物质,其变化与相关反应一致。

硼是人和动物氟中毒的重要解毒剂,硼与氟在肠道内形成BF_4^-,不仅降低肠道对氟的吸收,还能促进氟的排泄,从而降低血中氟的浓度,减少软骨及骨中氟的蓄积量,纠正过量的氟导致的钙、磷失衡,并改善氟中毒所致的肝脏损伤。

在动物实验中,硼缺乏饲料喂养的雏鸡,其股骨中钙、磷、镁和铜的浓度会降低,且生长板的发育成熟延缓。同样,硼缺乏也会降低猪和大鼠的骨骼坚韧度。

3. **锰** 细胞实验研究表明,锰在转运入肠腔的过程中,基侧膜的铁离子和锰跨上皮转运由同一种机制调节,铁离子与锰竞争共用结合位点,因此,当其中一种金属浓度较高时,就会对另一种的吸收产生抑制作用。现有数据表明,锰对铁稳态的影响可能是通过影响铁的循环转运蛋白(如转铁蛋白和调节蛋白)而产生。锰含量高时可引起体内铁贮备下降。在神经变性过程中过量锰暴露与饮食铁缺乏之间的相互作用的研究表明,饮食中铁缺乏是脑中锰蓄积的一种危险因素,其中纹状体尤为脆弱。

影响锰吸收的因素很多,缺铁时锰在胃肠道吸收明显增加。患有缺铁性贫血症的患者对锰的吸收率达7%,相当于正常人的2倍。Davis等(1992)报道了食物中高含量的钙、磷、植酸可影响大鼠对锰的吸收。

植物研究中同样发现铁、锰两种元素之间存在强烈的拮抗作用。一方面,铁显著抑制锰的吸收和累积,铁供应增加后,锰的含量迅速下降;另一方面,锰的供应也影响植物的铁营养,高锰可诱导低铁下的缺铁,也能缓解高铁的毒害作用。

当镁摄入量不足的人群摄入大量的锰时,需要高度关注。动物实验发现,当给饲料镁不充足的猪提供含锰丰富的饲料时,可能导致猪的突然死亡。

4. 镍在肠道内通过被动扩散吸收或铁转运系统载体吸收,可能与镁和/或铁共用一个转运系统,已有研究表明,镍可能是通过铁离子转运系统转运的。铁缺乏时,镍的吸收率提高。高浓度镍膳食的药理学表现可明显影响铁离子的代谢。此外,镍缺乏可降低大鼠的骨钙和磷的含量,某些镍可能通过钙离子通道进入细胞。

5. 硅的摄入对人体明显有益，除了能缓解铝的毒性作用，还可以增强铜和镁等某些必需矿物质的吸收或利用。有研究提出，硅在高等动物中的作用是同铝相互作用形成硅酸铝，防止铝竞争铁的结合点导致相关生理功能的降低。在雏鸡中，硅与钼呈负相关，膳食钼可显著降低硅的存留，高膳食钼可能会增加硅的需要量。

6. 铬与其他微量元素之间存在竞争性吸收，如在缺锌大鼠中铬的吸收增加，而补充锌后铬的吸收下降。在缺铁大鼠中铬的吸收高于补铁的大鼠，大量数据也表明铁和铬（Cr）之间存在对转铁蛋白结合的竞争。此外，铬、二价铁离子氯化物和氢氧化铝等可明显影响胃内钒结合与存在形式。

7. 氟是一种明确对人体有益的元素，主要经消化道吸收，其吸收与某些营养素含量有关，如钙、镁、铝、蛋白质和维生素 C 等对氟的吸收有一定的抑制作用。氟化物可以保护钙化组织，防止病理性脱钙。但当人体总氟摄入量达到 14mg/d 时，会对骨骼产生损害作用，过量的氟在体内与血中钙或磷结合，抑制相关代谢活动，或与钙离子结合形成难溶的氟化钙沉积于骨中，增加骨密度，引起骨硬化，导致骨中钙很难释放入血，血钙下降。此外，大剂量或药理剂量的氟化物有抑制脂肪吸收，缓解由喂饲磷诱导的肾钙质沉着以及改变镁耗竭引起的软组织钙化。

8. 钴在小肠上部吸收，与铁共用一个运载通道，其吸收受其他营养因素的影响，如铁缺乏时，钴的吸收率增加。由于钴能代替羧基肽酶中的全部锌和碱性磷酸酶中的部分锌，因而在饲料中补充钴能防止锌缺乏造成的机体损害。

二、常量矿物质之间的相互作用

（一）钙、磷、钠之间的相互作用

钙是机体内含量最丰富的矿物质，为机体的所有生理过程所必需。机体通过精细的稳态调控机制来维持恒定的血钙水平，但当摄入不足或过量以及受其他因素影响时，仍存在潜在的问题。如钙和其他一些矿物质之间存在竞争性抑制作用，钙、铁、镁和锌等离子可相互影响,竞争性抑制其他矿物质的吸收。过高的钙可能会降低其他矿物质的生物利用率等。但目前相关证据仍然不足。

钠的摄入量是影响尿钙排泄的决定因素,因为钠与钙在肾小管内的重吸收过程中发生竞争,高钠摄入会使尿钙排出增加。在成年人每增加 1g 钠导致额外丢失约 26.3mg 钙。其他碱性阳离子(如钾、镁)的作用则相反。磷也可影响尿钙的排出,研究发现,膳食中的钙磷比例过低(≤0.50),可导致血磷升高,尿钙排出量增加,干扰钙代谢,增加骨吸收。

体液中钙与磷酸盐间的临界性相互关系受到两者膳食摄入量的影响。醋酸钙与碳酸钙在肠腔中是有效的磷结合剂,高钙可减少膳食中磷的吸收。低磷膳食可升高钙的吸收率,这被认为是母乳钙吸收率高于牛奶的原因之一,因为牛奶中磷高于人奶。而高磷摄入时或一些食物中含有碱性磷酸盐与钙形成不溶解的钙盐而影响吸收,干扰钙的营养状态。饲粮中钙、磷含量和钙磷比是影响动物体内包括钙磷本身在内的矿物质正常代谢的重要因素。钙磷比失调是骨软骨营养不良的主要原因。人体血清中钙、磷浓度存在一定关系,正常成人钙磷乘积为 30~40,如钙磷乘积过高会使磷酸钙晶体沉积在软组织中的风险大大增加,过低则可以促进骨质吸收,增加佝偻病和软骨病的发生风险。为了满足儿童正常生长发育的需要,钙磷摄入量比值为 2:1 较为适宜。

磷通过载体运转主动吸收和扩散,被动吸收在小肠中段完成,因同时摄入食物中的钙、镁、锶和铝等阳离子可与磷形成不溶性磷酸盐,而影响其吸收率。

(二)镁与钙、磷、钾之间的相互作用

已有证据表明,钙、磷可降低镁的吸收率,高钙、高磷或两者含量同时增加会影响镁的吸收。

镁与钙的吸收途径相同,两者在肠道竞争吸收,相互干扰。高钙对镁代谢有潜在的副作用,可致镁吸收和血浆镁水平下降。但低钙血症患者常有显著的镁缺乏表现,而镁耗竭也可导致血清钙浓度显著下降。镁是生理性钙通道阻断剂,可抑制钙通过膜通道内流,许多钙通道都依赖镁,当镁耗竭或缺乏时,这种抑制作用减弱,导致细胞内钙含量增加。对于血清镁低的缺钙患者,在镁缺乏被纠正之前,单纯补钙是没有效果的。镁还可能激活钙泵,使钙从细胞内泵出。镁与钙在神经肌肉兴奋和抑制方面作用相同,但镁与钙又有拮抗作用,竞争与某些酶结合。由镁引起的中枢神经和肌肉接点处的传导阻滞可被钙拮抗。离子钙与钾、钠和镁离子的平衡,共同调节和维持神经肌肉兴奋性。

由于镁与钙、钾之间存在相互作用,镁缺乏可能造成血钙和血钾持续降低,补充镁有助于减轻钙和钾的缺乏。镁也可封闭钾通道的外向性电流,阻止钾外流。

(三)钠、钾、氯之间相互作用

钠、钾、氯在维持体内离子平衡和渗透压平衡方面具有协同作用。人体内钠、钾等阳离子和碳酸、磷酸、蛋白质等阴离子构成体液缓冲系统,维持体内酸碱平衡,确保新陈代谢正常进行。体液中钠、钾、钙、镁等离子保持一定的浓度与适当的比例,是维持神经肌肉应激性所必需的。

膳食中的氯多以氯化钠的形式被摄入,主要以氯离子形式在小肠被吸收,其吸收与钠离子的吸收密切相关。氯离子主要经肾脏排泄,约有 80% 伴随钠离子被肾近曲小管重吸收,随后通过基底膜上的钾、氯协同转运蛋白返回体循环。

体内钾总量的 98% 主要存在于细胞内,吸收的钾通过钠泵转入细胞内。钠泵可利用 ATP 水解所获得的能量将细胞内的 3 个 Na^+ 转到细胞外,同时将 2 个 K^+ 交换到细胞内,使细胞内保持较高浓度的钾。

三、常量矿物质与微量矿物质之间的相互作用

(一)钙、铁、锌之间的相互作用

钙除了与上述常量矿物质存在相互作用外,与其他微量矿物质之间也存在着一些不良的相互作用,高钙膳食能够影响一些必需元素的生物利用率。

钙、铁、锌是人体的必需营养素。虽然钙和锌通过不同的机制转运，然而，已经证明补充钙对锌既有正面影响，也有负面影响。在肠道中，钙和锌有相互拮抗作用，并通过抑制钙调蛋白相互作用于红细胞膜。高钙膳食可降低锌的生物利用率，影响锌净吸收率和锌平衡。对人群的研究发现，食用无机钙盐或强化了无机钙盐的谷类食物，使钙元素摄入量 >1g/d 时，对锌的吸收有拮抗作用。

钙可明显影响铁的吸收，研究表明钙的摄入会抑制铁的吸收，尤其是同时服用的时候。有研究报道，无论是否同时摄入钙和铁，膳食钙摄入量与血液铁状态均呈弱负相关，而对血红素铁和非血红素铁的抑制作用强度无差别，但明显存在着剂量-效应关系。钙与铁存在竞争性结合，其确切机制还不清楚。同时，铁与钙的相互作用表明，过量的铁也会影响肠道对钙的吸收。

刘颖等的研究报道，在饲料中钙、铁、锌的相互作用会影响孕鼠营养状况及生殖功能，孕鼠血清和肝脏中铁含量受饲料中钙、铁水平的影响，边缘高剂量钙水平孕鼠的血清和肝脏铁含量显著低于正常钙水平孕鼠；孕鼠血清锌含量也会受饲料中钙、铁水平的影响，当钙、铁摄入分别处于边缘高剂量水平时，血清锌含量降低。孕鼠肝脏锌含量同样受饲料中钙、铁水平的影响。大鼠的胎盘、胎鼠、胎肝铁含量易受饲料中边缘高剂量钙水平(8 000mg/kg)的影响；当摄入边缘高剂量锌(150mg/kg)时，对边缘高剂量铁(160mg/kg)水平下的胎鼠、胎肝铁含量有显著的降低作用。饲料中边缘高剂量铁水平可以导致胎盘、胎鼠、胎肝锌含量的减少。饲料中边缘高剂量钙水平同样导致胎鼠、胎肝锌含量的降低，但并不影响胎盘中锌含量。

另有关于钙、铁、锌相互作用关系的研究进展中报道，饲料中含铁量高时可减少磷在胃肠道内的吸收，含铁量超过 0.5% 时，呈现明显缺磷现象。饲料磷水平可影响幼猪的硒代谢。钒离子能置换磷离子，促进钙盐沉着，提高齿质羟基磷灰石的稳定性。钒离子还可与钙离子交换，以羟基碳酸盐形式将磷酸盐运送到羟基磷灰石栅中。

(二)其他

有研究报道,膳食中的铁、钙、磷对锰的吸收有不良影响,干扰锰的吸收和潴留,如长时间补充铁可导致血清锰水平及淋巴细胞锰超氧化物歧化酶活性下降。饲料中钙、磷过量可加剧家禽溜腱症(缺锰症)的发生,而锰过量亦会影响钙、磷的利用。据报道,摄入过量锰可引起实验动物患佝偻病,牛、猪出现齿质损害。Friedman 等观察到长期(39 天)低锰饮食可导致血清胆固醇水平下降、血清钙磷浓度和碱性磷酸酶活性显著升高,但短期(10 天)补充锰并未能逆转这些异常。

硼可能与钙、镁代谢有关,对其他营养适宜动物的骨骼钙化与代谢有益。在雏鸡实验中,硼缺乏可降低股骨钙、磷、镁和铜的浓度,延缓生长板的发育成熟。

硼与镁之间存在相互作用,当硼的浓度较低时,镁可能会替代硼在机体中发挥作用。补充硼也能增加血清镁的浓度。

铜的利用与饲粮中钙量有关,钙含量越高,对动物体内铜的平衡越不利。每千克饲料含钙达 11g 时,需铜量约为正常时的 2 倍。

近年来,氟与微量元素关系日益受到关注,特别是氟与钙的关系报道较多,每天吸收的氟约有 50% 于 24 小时内沉积在钙化组织中,使机体中约 99% 的氟存在于钙化组织。

有研究报道,氟、镁在骨组织系统、酶系统、胶原和细胞遗传毒性等几个方面存在拮抗作用。为了保护高氟人群健康,降低机体对氟毒性作用的敏感性,建议关注环境镁水平、机体镁的适宜含量、饮食镁的必需摄入量等重要因素,这在促进机体氟的排泄和缓解氟毒性方面占有重要的地位。

胃肠道内过多的氟、镁、钙等会阻碍碘的吸收,在碘缺乏的条件下尤为显著。铁不足时,高氟膳食可改善铁的吸收和利用。而低氟膳食可引起贫血与生长迟缓。

研究表明,贫血儿童血红蛋白水平与镁水平呈负相关,与铁水平呈正相关。

必需元素缺乏会大大增加体内有毒金属的吸收率。儿童的铅暴露越来越受到科学家和全球公共卫生机构关注。铅作为一种普遍存在的毒性金属,可能与必需营养矿物质代谢相互作用。营养素矿物质缺乏可能增强铅的吸收与毒性。有研究表明儿童血铅与血钙、铁水平呈负相关。补充营养元素矿物质有助于降低铅吸收。

研究结果表明营养不良儿童的铅水平比对照组高出 2 倍,而必需元素(钙、铁、锌)比对照组低 1~2 倍。在营养不良人群中,铅与钙、铁、锌呈显著负相关。这些元素之间的相互作用机制还有待深入研究。

卓丽玲等的研究中报道了钙可竞争鲫鱼对铅的吸收,降低铅在其肌肉、鳃中的蓄积,提高鲫鱼肝、胰腺的抗氧化能力,表明钙能降低铅的毒性效应。已证实,低钙饮食可增加大鼠对铅的滞留及其他种类动物对铅毒的易感性,然而钙影响铅代谢的真正机制还不明。也有实验表明,铅可以影响钙的生理功能。

硫摄入不足时,反刍动物对铜的吸收增加,易引起铜中毒。硫能加重铜、钼的拮抗作用。硫和铜在消化道中可结合成不易吸收的硫酸铜,影响铜的吸收。硫和钼可结合成难溶的硫化钼,增加钼的排泄。硫与化学结构类似的硒化物有拮抗作用。实验表明,摄入硫酸盐可减轻硒酸盐的毒性,但对亚硒酸盐或有机硒化合物无效。

高摄入量膳食血红素铁与结肠癌和直肠癌发病率呈正相关。病例对照研究的荟萃分析表明,高摄入量的膳食钙、镁、钾与大肠癌的发生呈负相关,高摄入量的膳食铁与结肠癌和直肠癌发病率呈正相关。

综上所述,补充矿物质营养素的水平适宜时是相对无害无毒的。但个体盲目选择性地过量补充某些矿物质,可能会造成机体内矿物质营养素的不平衡或相互作用,产生通常膳食条件下所不能遇到的毒性问题,需谨慎对待。

(刘一心)

第二节　矿物质与维生素的相互作用

维生素是一类维持人体正常功能所必需的低分子有机化合物。人体对其需要量甚微，主要靠外界供给。维生素的种类很多，结构各异，它们既不是细胞组成成分，也不能提供能量，但在体内物质代谢过程中可与矿物质协同发挥重要作用。

一、矿物质与维生素 A 的相互作用

维生素 A 是一种具有脂环结构的不饱和一元醇类化合物，在动物性食品中含量较为丰富，尤其是动物肝脏，不仅含量最高，也是维生素 A 的主要储存场所。而在植物性食物中，胡萝卜、红辣椒、菠菜、荠菜等蔬菜及玉米中含有较多的 β-胡萝卜素，其在体内可部分转化成维生素 A，因此，β-胡萝卜素也称为维生素 A 原。

（一）铁与维生素 A 的相互作用

1. 孕妇中维生素 A 与铁代谢　缺铁性贫血、维生素 A 和维生素 D 缺乏是常见的营养素缺乏症，长期缺乏会严重影响女性健康。在孕期和哺乳期等特殊时期，由于生理需求量增加，人体需要大量的铁，可导致缺铁性贫血的风险增加。

在铁营养状况较好的孕妇中，血红蛋白水平正常的情况下，补充维生素 A 和铁对血红蛋白的影响不大。但连续补充 6 个月以后，尤其是在孕后期，同时补充维生素 A 和铁的孕妇血红蛋白水平显著升高，说明补充维生素 A 和铁可使血清维生素 A 保持较高水平。

2. 儿童中维生素 A 与铁代谢　农村（尤其边远地区贫困县）是我国儿童维生素 A 缺乏的高发地区，6 个月以内婴儿维生素 A 含量明显低下。在 0.5~3 岁的婴幼儿中，维生素 A 水平和血红蛋白水平均较低，这一群体更容易发生维生素 A 缺乏和贫血。由于维生素 A 无法在身体内合成，饮食中维生素 A 的长期摄入不足是

维生素 A 缺乏症的主要原因,尤其是在对营养需求高的幼儿期,更容易发生维生素 A 缺乏。维生素 A 与其衍生物在生命周期中至关重要,包括调节人体生长发育中多个过程,包括视觉、生殖、胚胎发生、生长、细胞分化增殖、正常代谢和免疫功能等。

维生素 A 缺乏仍是目前世界上主要的营养缺乏病之一,亚临床维生素 A 缺乏(subclinical vitamin A deficiency,SVAD)即使没有任何临床症状,也会使儿童的免疫功能降低,易导致呼吸道和消化道的感染,增加其他感染性疾病的发病率和死亡率。在亚临床维生素 A 缺乏中,儿童营养吸收及消化能力下降,造成营养不良、炎症等问题,共同导致维生素 A 缺乏的恶性循环。在评估铁和维生素 A 状况时,有必要检测炎症的生物标志物,忽视炎症可导致对缺铁的低估和对维生素 A 缺乏的高估。

3. 铁缺乏时的维生素 A 代谢　　血清铁蛋白可反映体内贮存铁状况,体内铁缺乏时,血清铁蛋白水平下降,降至 $12\mu g/L$ 以下即为铁耗竭,补铁同时补充维生素 A 对改善铁代谢的效果优于单纯补铁或补维生素 A。随着血清铁蛋白和血红蛋白等血清铁生化指标逐渐下降,红细胞游离原卟啉和红细胞游离原卟啉/血红蛋白逐渐升高。当红细胞游离原卟啉上升至 $0.9\mu mol/L$ 以上,转铁蛋白饱和度下降至 16% 以下时,补充维生素 A、铁或联合补充维生素 A 和补铁后,结果表明均优于单独补维生素 A 或补铁。

在铁缺乏的儿童中,维生素 A 缺乏和铁缺乏同时出现,铁缺乏可导致贫血,随着维生素 A 缺乏的进一步发展,导致体内水代谢平衡的紊乱,细胞外液减少,血液浓缩,可能掩盖贫血的指标。在临床中,维生素 A 缺乏、铁缺乏、发育迟缓和炎症均为贫血的危险因素。年龄较小的儿童免疫系统发育不成熟,与轻度炎症相比,中度炎症和重度炎症明显伴有微量营养素浓度下降,尤其是维生素 A 水平的明显下降。因为炎症可通过铁调素的产生,降低铁的吸收及储存铁的释放,最终导致炎症性贫血。

在缺铁性贫血的治疗中,单独补充铁可提高血清维生素 A 的浓度,表明在铁缺乏的情况下,维生素 A 的利用度减少,而食欲降低、生长受限均可导致血清维生素 A 浓度降低。通过大剂量补充维生素 A,机体铁营养状况可得到明显提高。

铁缺乏影响维生素 A 代谢的机制是:铁缺乏导致贫血,由于自身的保护机制,使肝脏中维生素 A 的贮存形式增加,随着贫血的进一步发展,维生素 A 在肝脏中的代谢受到破坏,从而使血清维生素 A 减少。铁和维生素 A 的相互作用不仅在胞液中的维生素 A 的转运水平上,同时与维生素 A 在肝中的水解减少和酯化增加有关,导致血液中维生素 A 的含量减少。铁缺乏导致肝中的维生素 A 和维生素 A 酯平衡的破坏,未结合的维生素 A 结合蛋白(apo-cRBP)增加,视黄基酯的水解减少,维生素 A 的活性物质减少。未结合的维生素 A 结合蛋白与全细胞维生素 A 结合蛋白的比值(apo-cRBP/holo-cRBP),在铁缺乏时升高,表明视黄基酯与维生素 A 之间的转化率明显下降。此外,维生素 A 和 β-胡萝卜素在肠道内与铁形成可溶性螯合物,使铁在吸收时不受吸收抑制剂的影响。

4. 维生素 A 不足与贫血的有关机制

(1) 阻碍造血干细胞增殖分化:维生素 A 在维持造血干细胞的正常生物学功能中,发挥至关重要的作用。维生素 A 缺乏时,造血干细胞功能易受损甚至衰竭,长期自我更新能力下降甚至丧失,部分造血干细胞丢失而不能维持正常增殖分化,红细胞生成减少,引起贫血。造血微环境(hematopoietic inductive microenvironment,HIM)是维持造血干细胞正常生物功能发挥的重要场所。当维生素 A 缺乏时,骨髓基质细胞(bone marrow stromal cells,BMSC)增殖障碍,导致造血微环境改变,影响造血干细胞的分化和表达。

(2) 影响红系祖细胞功能:维生素 A 缺乏还可导致白细胞介素 -3(interleukin-3,IL-3)的生成抑制和骨髓基质细胞分泌粒细胞 - 巨噬细胞集落刺激因子(granulocyte-macrophage colony stimulating factor,GM-CSF)的减少。维生素 A 缺乏时,造血干细胞增殖分化为早期红系祖细胞(红系爆式集落形成单位)障碍,以及早期红系祖细胞向晚期红系祖细胞(幼红细胞集落形成单位)增殖分化障碍,从而影响造血祖细胞增殖分化,使造血过程受阻,红细胞生成障碍,导致贫血。

(3) 改变红细胞膜稳定性:维生素 A 可与细胞核相互作用,正向调控膜蛋白的合成及相关基因的表达。当维生素 A 缺乏时,膜蛋白合成受阻,膜脂质不对称,红细胞膜稳定性变差,可见异形红细胞的出现,正常红细胞生成减少,产生贫血。

(4) 类维生素 A 影响造血:类维生素 A 是维生素 A 的一种衍生物,可调控造血,参与红细胞的生成。当维生素 A 缺乏时,类维生素 aX 受体 α 基因活性降低,导致类维生素 aX 受体 α 配体浓度降低,红细胞生成减少,引起贫血。

(5) 影响铁代谢:维生素 A 缺乏时,出现铁的利用障碍,肝脏铁无法动员,阻碍铁释放进入骨髓,导致贫血。铁和维生素 A 缺乏或维生素 A 严重缺乏时,储存铁减少,铁的吸收和转运降低,最终导致血红蛋白合成下降。

在缺铁的恢复过程中,维生素 A 可作为一种辅助因子促进血清铁的恢复。维生素 A 缺乏时,铁含量的恢复障碍,贫血改善受阻。另外,维生素 A 缺乏时,铁调素 mRNA 表达增强,转铁蛋白 1 表达受抑制、减少,甚至停止铁的运输,导致血液中铁浓度降低,引起贫血。

(6) 影响促红细胞生成素的合成:在红系造血过程中,红系祖细胞的生成和发育依赖于促红细胞生成素。维生素 A 可影响晚期红系祖细胞的生物功能,诱导促红细胞生成素的基因表达,影响造血。当机体维生素 A 充足而储存铁不足时,维生素 A 直接参与造血和诱导促红细胞生成素代偿性增多,以纠正贫血。若维生素 A 缺乏和贫血同时存在,血红蛋白的浓度可刺激促红细胞生成素生成增多,促进造血。仅有维生素 A 缺乏时,促红细胞生成素 mRNA 的表达下降,导致骨髓红系造血功能减弱,有效红细胞合成减少,引起贫血。

(7) 易导致炎症性贫血:维生素 A 有助于机体正常免疫功能的维持,其缺乏易打破辅助性 T 细胞 1/辅助性 T 细胞 2 的平衡,导致免疫功能异常,增加炎症性疾病的发生风险。随着维生素 A 缺乏程度加重,免疫功能异常的概率增加,炎症性疾病的发病率也随之升高。铁调素不仅对铁平衡过程发挥作用,还参与机体的抗菌过程。研究表明,铁调素基因表达随白细胞介素6(interleukin-6,IL-6)升高而增强,由此可见,维生素A缺乏、炎症反应和贫血三者之间具有相关性。

(二)锌与维生素A的相互作用

1. 锌缺乏与维生素A的代谢 若膳食中缺乏锌,会导致食欲减退,从而使维生素A的摄入量减少,影响血清中维生素A的含量。当锌和维生素A同时缺乏时,血清维生素A含量明显降低,表明锌缺乏对维生素A代谢的影响。缺锌症状出现的时间越晚,发病率越低,增加维生素A摄入后症状改善就越明显。可见,锌和维生素A缺乏时,受损害的部位和症状具有很高的一致性。在联合补充维生素A和锌时,效果优于单独补充维生素A。但在营养状态较好,血清蛋白质和白蛋白的含量正常时,锌的补充仅对维生素A缺乏者有效,对维生素A充足者则几乎无影响。

血清锌浓度正常时,其与血清维生素A结合蛋白呈正相关。若血清锌低于阈值浓度,维生素A从肝中的释放和转运下降,而在高于阈值浓度时,维生素A的转运则不单纯依赖于血清锌浓度。

2. 维生素A缺乏与锌的代谢 摄入不同剂量的维生素A时,体内锌含量会有所不同。在膳食缺锌时,大剂量维生素A补充可显著提高血清锌含量。无论缺锌时或补锌,大剂量维生素A补充均可使肝脏锌含量增加,表明肝脏在锌的贮存和调节外周锌水平等方面具有重要的生理功能。

维生素A可明显影响到缺锌进程和表现,进而改变生长的速度、食物功效比值等。维生素A缺乏伴锌缺乏时,缺锌症状出现最早,发病率最高,表现最严重。随着维生素A摄入量的增加,缺锌症状出现时间延迟,发病率降低,症状明显改善。可见,维生素A缺乏可加重缺锌损害,而增加维生素A的摄入则可大大减轻缺锌损害。锌与维生素A均参与体内许多重要的生命过程,如核酸和蛋白质的合成,维持膜系统的稳定性等。因此,当锌与维生素A缺乏时,受损害的部位和症状具有多方面的一致性,表明两者之间具有生理功能的协同性。

3. 锌和维生素A与眼的生长发育　青少年近视的发生、发展受遗传、环境和生理、心理等多种因素影响。研究表明,血清维生素A的含量在近视与正常人群中未见显著差别。人眼中的锌含量较高,可超过21.86μmol/g,其中以视网膜、脉络膜含锌量最高。碳酸酐酶是一种含锌酶,对房水形成有重要作用。锌在眼中的相对高含量,以及与眼发育和眼病的发生发展均有密切关系,可见,锌摄入不足是近视的重要影响因素之一。

维生素A缺乏时,补锌能促进肝脏维生素A释放入血,以致眼球摄取的维生素A增多。但在低锌时,血清、肝脏和眼球中的维生素A含量仍显著偏低,并可见视网膜外核层出现变薄的异常变化。当维生素A供给充足时,低锌或高锌时血清及各组织中的维生素A含量均无明显差别,提示锌对眼球维生素A含量的影响与维生素A的水平及摄入量有关,维生素A和锌在维持眼角膜和结膜上皮细胞的正常形态上具有协同作用。

不论肝脏维生素A的储存量高低,至少存在两个维生素A代谢池。新吸收的维生素A首先进入一个较小且较易变动的代谢池,优先满足组织需要,其次是肝脏中维生素A的代谢池。即使在锌含量低的情况下,由于不断补充维生素A,新吸收的维生素A会优先进入血液,不受低锌的影响。只要能获得充足的维生素A,仅需少量的循环锌就能维持眼中维生素A的正常代谢。正常的维生素A代谢需要一定量的锌,但当锌的供应超过一个较低的临界水平时,维生素A的转运就不再依赖于血浆中的锌浓度。

4. 锌和过量维生素A影响抗氧化能力　总抗氧化能力是机体防御体系的重要组成部分,其降低常常导致各种疾病的产生。而过量摄入维生素A和锌可致组织中总抗氧化能力降低,导致脂质过氧化损伤作用加剧。维生素A和锌联合过量比单一过量引起抗氧化能力降低更加明显,表明二者在引起组织的氧化损伤的功能方面具有一定的协同作用。过量的维生素A和锌可降低超氧化物歧化酶、谷胱甘肽过氧化物酶和Cat活性,破坏机体氧化平衡状态,使细胞抗氧化应激能力下降,进而引起脂质过氧化、巯基耗竭等氧化性损伤。

5. 锌和过量维生素 A 对生殖系统功能的影响　随着含维生素 A、锌复合营养素保健食品的出现,短时大量摄入营养素,或长期小剂量补充营养素而引起营养素过量摄入,导致中毒的现象时有发生,尤其是在婴幼儿及儿童中。过量摄入维生素 A 可引起广泛的畸形,尤其是神经管畸形。过量维生素 A 可引起人类胚胎的泌尿系统畸形,作用于男性生殖系统可引起精子数目减少、形态异常,胚胎死亡或胎儿畸形等。

高剂量锌可导致精子数目和活动率低,形态异常率增高。其机制是高剂量锌改变蛋白激酶功能及浓度,并与其他微量元素的相互作用,从而使血清脂蛋白和细胞膜的脂蛋白含量发生变化,影响生物膜的结构和功能,造成生殖系统损伤,致使生殖功能下降。维生素 A 过量时,补锌可增加维生素 A 的毒性作用,但不能改善其致畸作用,反而会加重致畸性。

6. 锌与维生素 A 的代谢与感染性疾病　人体营养状态与自身免疫系统功能的维持与炎性反应损伤密切相关。在慢性肝脏、胰腺疾病等患者中,经常同时出现低血锌、低血维生素 A 或明显的维生素 A 缺乏症状。此外,C 反应蛋白和血沉是评价炎性反应程度的重要指标,研究表明,足量的锌和维生素 A 可有效降低 C 反应蛋白和血沉,即有助于改善炎性反应。

7. 锌缺乏与维生素 A 的有关机制　锌和维生素 A 都参与体内许多重要的生命过程,如核酸和蛋白质的合成,维持膜系统的稳定性等,二者之间存在相互效应。

(1) 维生素 A 对锌代谢的影响:维生素 A 能增强锌的转运,进而增加机体对锌的吸收。不同水平的维生素 A 对体内锌代谢具有显著影响,增加维生素 A 摄入量则可大大减轻缺锌的损害。

(2) 锌对维生素 A 代谢的影响:锌缺乏会导致血液中维生素 A 水平下降,同时肝脏中维生素 A 水平上升。这种缺乏可能引起肝脏中维生素 A 结合蛋白的合成减少或酶活性降低。维生素 A 和维生素 A 结合蛋白(RBP)都在肝脏实质细胞中合成,二者结合后形成全维生素 A 结合蛋白(holo-RBP),然后分泌到血液中发挥生理作用。锌对维生素 A 转运过程的影响主要体现在影响 RBP 的合成,即肝脏合成和分泌 RBP 需要锌的参与。锌作为合成 RBP 所必需的酶的辅助因子,其缺乏会导致 RBP 合成减少,进而使血清中维生素 A 的浓度降低。锌与维生素 A 的互作效应在眼部组织中尤为明显,眼底的一些特殊细胞是维生素 A 的受体,在夜视机制中,眼底的维生素 A 转化为视黄醛需要维生素 A 脱氢酶(含有锌)的参与。

(3)锌与维生素 A 生理功能的相似性:在肝脏和视网膜内,锌参与维生素 A 还原酶的组成和功能发挥,该酶与视黄醛的合成与变构有关,从而影响正常视力和暗视力。锌可促进维生素 A 在肠道的吸收,而维生素 A 水平可影响红细胞生成素的合成,从而调节红细胞的生成。

(三)其他矿物质与维生素 A 的相互作用

1. 钙与维生素 A 代谢 儿童及青少年的骨骼发育情况受多种因素影响,如营养、遗传、运动、药物等,其中维生素 A、维生素 D 均与儿童及青少年的骨密度密切相关。随着年龄的增长,应对维生素 A、维生素 D 进行补充。

维生素 A 通过多种机制影响骨骼代谢,如对成骨细胞的抑制、破骨细胞的刺激和对维生素 D 的抑制等,各种机制均包括刺激骨重吸收、抑制骨形成和二者联合作用。高剂量的维生素 A 摄入可产生对骨骼代谢的负面作用,如导致胎儿的骨骼畸形。慢性维生素 A 中毒可导致高钙血症,损伤骨骼重建,导致各种骨骼异常,另外,摄入大量合成维生素 A,可导致骨量减少,与骨转化生化因子受抑制有关。若长期轻度过量摄入维生素 A,可导致骨密度降低,骨质疏松症和髋骨骨折发病率上升。维生素 A 对维持骨骼的正常生长代谢是十分必要的,缺乏或过量均对骨骼的生长发育不利。维生素 A 水平过高会引起骨灰分含量降低,骨病发生率增加,同时血清碱性磷酸酶活性、胫骨灰分与胫骨钙含量均显著降低,胫骨矿化度趋于降低,表明过量的维生素 A 对钙、磷代谢有显著的负面影响。其有关机制包括:①维生素 A 过量可引起组织钙结合蛋白质 mRNA 的表达量降低,引起骨骼代谢紊乱;②过量维生素A对维生素D的拮抗作用影响了维生素D的代谢,进而影响钙、磷代谢;③过量维生素A可影响骨骼钙、磷吸收代谢,使血清碱性磷酸酶活性下降,抑制了成骨细胞的活动。

2. 铁、锌、钙与维生素A的相互作用　不管是仅补充单一微量营养素(维生素A),还是两种微量营养素(维生素A,锌)或是多种微量营养素,均有助于儿童的血清锌、铁和钙水平的显著性增高。

单独补充维生素A的儿童,其摄取的能量显著增高,有助于微量营养素的吸收,如摄取的能量可促进锌的吸收,明显改善儿童的营养状况,对生长发育起重要作用。体内缺乏维生素A与铁、锌、钙时,补充维生素A联合多种微量营养素,有助于维生素A与铁、锌、钙的吸收。同时,补充维生素A与其他多种微量营养素对儿童血红蛋白的作用优于单独补充维生素A,同时存在的几种微量营养素的缺乏共同制约了儿童的生长水平。补充维生素A联合多种微量营养素时,高剂量的钙补充可抑制锌的吸收;同样,高剂量的锌补充也可抑制钙的吸收。在体内不缺乏维生素A与铁、锌、钙时,补充维生素A联合多种微量营养素对维生素A与铁、锌、钙的吸收均无显著意义。因此,应根据其存在的主要营养问题,选择最优营养素组合,以改善儿童营养健康状况。

二、矿物质与维生素D的相互作用

维生素D是类固醇衍生物,在自然界主要有维生素D_2及D_3两种,结构十分相似。维生素D仅在动物体内含有,鱼肝油含量最丰富,蛋黄、肝肾、脑、皮肤组织均含有维生素D,而植物中则不含维生素D。

维生素D的重要功能是影响骨矿物质的代谢,其作用是双向的,既可促进新骨代谢又可促进钙从骨中游离,使骨盐不断更新,维持钙的平衡。不论经口摄入还是经皮肤合成的维生素D,均需经肝、肾活化才具有生理活性,来促进肠钙吸收,维持骨钙正常发育。维生素D能与甲状旁腺激素共同作用,促进钙在肠内的吸收,维持血钙水平的稳定。缺乏维生素 D 时,在婴幼儿可导致佝偻病,成人可导致骨软化和骨质疏松等。

(一) 钙与维生素 D 的代谢

维生素 D 是合成钙结合蛋白、活化骨钙代谢、加强磷吸收和代谢等的必需营养素,对促进钙吸收和维持钙及磷酸盐动态平衡至关重要。骨组织中 1,25-$(OH)_2$D 的合成是调节骨吸收和促进骨形成所必需的,维生素 D 缺乏或代谢异常会降低肠道对钙的吸收。在 1,25-$(OH)_2$D 缺乏的情况下,只有 12.5% 的摄入钙被吸收。维生素 D 缺乏对钙代谢、成骨细胞的活性、基质骨化、骨重塑都有不利影响,从而降低骨密度。维生素 D 缺乏还会引起继发性甲状旁腺功能亢进,促进甲状旁腺素分泌,增强骨吸收,导致皮质骨丢失、骨质疏松和骨折。

在儿童青少年中,补充维生素 D 能使骨量和骨面积增加,对月经来潮前的女孩效果更显著。当血清 25-$(OH)D_3$ 充足,且钙摄入适宜时,儿童青少年的骨密度能达到最佳水平,对于阳光照射不足的年轻人,每日需要至少 800~1 000U 维生素 D。

钙与维生素 D 代谢有如下机制。

(1) 维生素 D 缺乏:在严重的营养性维生素 D 缺乏、维生素 D 受体(vitamin D receptor,*VDR*)基因突变(遗传性维生素 D 抵抗性佝偻病) 和 *CYP27B1* 基因突变导致 1,25-$(OH)_2$D 合成受阻(假性维生素 D 缺乏症) 时,血液循环中的 1,25-$(OH)_2$D 水平降低或作用障碍,会有佝偻病或骨软化症的表现。骨组织的维生素 D 受体表达及 1,25-$(OH)_2$D 均参与多种骨代谢途径的调节。维生素 D 缺乏或维生素 D 受体基因突变(或基因敲除)后所出现的佝偻病可通过补充足够的钙和磷来纠正,表明维生素 D 代谢物对骨骼的主要作用是提供足够的钙和磷。在骨组织中,维生素 D 代谢物可调节胰岛素样生长因子(insulin like growth factor-1,IGF-1) 及其受体和其结合蛋白、转移生长因子 F-β(transforming growth factor β,TGF-β)、血管内皮生长因子(vascular endothelial growth factor,VEGF)、白介素 -6、白介素 -4 和内皮素受体,这些细胞因子均可对骨骼产生生物学效应。

(2)维生素 D 过量:维生素 D 过量摄取会引起 25-(OH)D_3 水平增高,特别是摄取高水平的维生素 D_3 后产生的 25-OH 代谢物,其血清水平高于等量维生素 D_2 代谢后产生的 25-OH 代谢物。25-OH 代谢物是维生素 D 中毒的主要物质。血浆中的 25-(OH)$_2D_3$ 协同促进肠钙的摄取、骨钙的吸收和软组织钙沉着,从而引起软组织钙化和肾结石。其作用机制为:当 25-OH 代谢物处于高水平时,会成功地竞争细胞内的 1,25-(OH)$_2D_3$ 受体。

维生素 D 过多症是肠钙和骨钙吸收增加,产生高钙血症、骨软化及不同程度的骨质疏松症,伴随血清中甲状旁腺激素减少和肾小球滤过率下降,最终导致体内钙平衡紊乱。随着血清中钙和磷水平的缓慢增高,最终结果为软组织中钙和磷酸盐的沉积,特别是心、肾等重要脏器,以及血管和呼吸系统等。所以,维生素 D 过多症的危险不仅在于摄入维生素 D 过多,还与过量的钙和磷摄取有关。维生素 D 中毒有多种表现,如畏食、呕吐、头痛、困倦、腹泻和多尿等。

(二)铁与维生素 D 的代谢

维生素 D 与贫血的发生具有相关性,这种关联可能因种族而异。维生素 D 在铁代谢中起着一定的作用,并在改善贫血中具有治疗的效果。从生物学角度上,其有关机制如下。

(1)维生素 D 降低血清铁调素浓度:维生素 D 具有良好的抗炎功能,在急性感染期可通过减少肠细胞对铁的吸收和抑制巨噬细胞对铁的释放,减少微生物生长所需的铁供应。当体内铁充足时,铁调素通过结合或诱导生成细胞膜上的铁受体,阻止细胞对铁的吸收和释放,同时上调炎症细胞因子(如白细胞介素-6 和白细胞介素-1β)。在慢性疾病中,铁可能在网状内皮系统细胞内被病理性隔离,即使铁储存充足,也可能因铁循环受损而导致贫血。补充维生素 D 可有效降低血清铁调素浓度,减少促炎细胞因子,从而降低贫血的发生风险。

(2)维生素 D 促进红细胞生成:维生素 D 可直接刺激红细胞前体细胞,诱导人类红系造血干细胞的增殖,从而促进红细胞的合成。此外,维生素 D 对组织中的促红细胞生成素受体的 mRNA 转录和蛋白的表达可具有直接增强的作用,从而促进红细胞生成。

三、矿物质与维生素 E 的相互作用

维生素 E 的抗氧化、抗衰老、抗癌变、保胎、保护肝肾、抗炎症、免疫调节功能及其在临床上良好的应用效果,使得其为许多疾病提供了新的治疗途径,尤其是为生命早期的生长发育提供了良好的抗氧化毒性及免疫功能保障,同时对于生命早期的相关疾病起着重要的预防及治疗作用。

(一) 硒与维生素 E 的代谢

维生素 E 和硒、谷胱甘肽过氧化物酶都是体内重要的生物抗氧化剂,具有协同作用。在防止红细胞过氧化损伤的过程中,硒主要保护血红蛋白免遭损害,而维生素 E 主要保护红细胞膜避免溶血。故两者缺乏均可致红细胞脆性增加,溶血的敏感性增加。因而新生儿应摄入足够量的维生素 E 和硒,这对早产儿、低出生体重儿,摄入大剂量铁剂和高浓度不饱和脂肪酸的人工喂养儿及患脂肪泻和慢性肝病的婴幼儿,更具有重要意义。

1. **维生素 E 对抗氧化剂活性的影响**　维生素 E 和硒都属于生物抗氧化剂,在生理功能方面具有协同作用,均能阻止脂质过氧化反应,保护生物膜,两者作用也存在着差别。维生素 E 主要位于脂质双层中,可直接抵御自由基对生物膜的攻击,硒则通过胞质中的谷胱甘肽过氧化物酶发挥抗氧化作用,故对防止生物膜的氧化不如维生素 E 有效。硒增加 $T_4 5'$-脱单碘酶活性和降低脂质过氧化物含量的效果也显著低于维生素 E。

2. **对甲状腺激素代谢的影响**　联合补维生素 E 和硒既可提高 I 型碘甲状腺原氨酸 $5'$-脱碘酶活性,又可显著增加血清 T_3 的浓度。I 型碘甲状腺原氨酸 $5'$-脱碘酶是一种膜酶,膜含硒蛋白,主要存在于微粒体膜中。维生素 E 保护 I 型碘甲状腺原氨酸 $5'$-脱碘酶活性的机制可能与维生素 E 作为生物抗氧化剂的特殊作用有关。维生素 E 的作用突出表现在对膜结构的保护,主要通过两种途径:一是作为抗氧化剂直接阻断脂质过氧化反应;二是参与

膜结构的组成,使含有不饱和脂肪酸的膜具有更大的稳定性。

(二)锌与维生素 E 代谢

添加维生素 E 和锌含量对细胞因子及免疫性能的影响:①显著降低血清中白介素-17 的浓度,降低炎症反应,减少对组织器官的伤害。白介素-17 具有强大的致炎性,能促进机体局部产生趋化因子,诱导基质细胞分泌白介素-6、白介素-8,并能促进巨噬细胞释放白介素-1β、白介素-6、白介素-10、白介素-12 及肿瘤坏死因子-α(tumor necrosis factor,TNF-α)。②显著降低血清中白介素-6 的浓度,抑制前炎症细胞因子的分泌,促进生长。应激可使机体免疫系统被迅速而且高度激活,引起机体体内前炎症细胞因子白介素-6 和 TNF-α 表达。细胞因子的过度分泌会对机体产生负面影响,即导致营养物质的重新分配,将用于维持生长和骨骼肌沉积的营养物质转向于维持免疫反应,从而降低营养物质的利用效率。③显著降低血清中 TNF-α 的浓度,抑制前炎症细胞因子的分泌,提高机体抵抗力和应激能力。TNF-α 是吞噬细胞产生的一种糖蛋白,是促炎症细胞因子,可直接杀伤肿瘤细胞,活化机体免疫功能。

四、矿物质与维生素 K 的相互作用

维生素 K_2 缺乏时,尿钙排泄增加约 1 倍,说明维生素 K_2 缺乏可导致机体分解代谢增强。同时,骨钙素水平明显下降,表明维生素 K_2 缺乏会影响骨的合成代谢。维生素 K_2 可轻度抑制成骨细胞增殖,但可明显增加骨钙素的含量。

骨钙素(bone glutamate protein,BGP),又称骨谷氨酸蛋白,是由成骨细胞合成并分泌的由 49 个氨基酸组成的特殊骨蛋白。骨钙素在骨组织中含量丰富,占非胶原蛋白的 15%~20%,占骨蛋白的 1%~2%。骨钙素由成骨细胞合成后,约 20% 从骨组织直接进入血液,因此,血中骨钙素的浓度和羧化程度可反映骨骼中骨钙素的状态。骨钙素是反映成骨细胞活性的敏感特异性生化指标,且骨密度改变与其代谢呈正相关。佝偻病患儿治疗前骨钙素水平明

显升高,治疗后明显降低。佝偻病早期骨形成障碍和成骨细胞堆积,致血清骨钙素水平升高,激期达高峰,恢复期下降,且血清骨钙素水平和骨钙素呈正相关。因此,骨钙素测定是佝偻病早期诊断及观察疗效的一个较敏感的生化指标。

骨钙素分别在17、21、24氨基酸位点上含有1个谷氨酸残基,在维生素K依赖性羧化酶的作用下,3个谷氨酸残基均羧化为羧化谷氨酸(Gla),即羧化骨钙素(cOC),它可和钙离子、羟基磷灰石结合沉积,参与骨矿化过程。骨钙素结构中,羧化残基少于3个则为羧化不全骨钙素,羧化不全骨钙素与羟磷灰石结合能力较弱,易释放入血。由此可见,血清羧化不全骨钙素水平是反映维生素K营养状态的敏感指标。骨钙素的合成由维生素D和维生素K共同调节。维生素D直接在基因转录水平发挥作用,主要是$1,25\text{-}(OH)_2D_3$发挥作用,骨钙素的合成与细胞中$1,25\text{-}(OH)_2D_3$的水平有关。$1,25\text{-}(OH)_2D_3$存在时,维生素K_2可促进矿化,促进骨钙素产生主要通过促进维生素K_2对骨钙素的羧化作用,促进骨钙沉积。维生素K_2参与骨钙素合成后的羧化修饰过程,以辅酶的形式发挥作用,辅酶活性形式为氢醌(K_2H),反应时被分子氧氧化为环氧化合物(KO),提供能量,使底物蛋白谷氨酸残基结合CO_2变成羧化谷氨酸,KO形式的维生素K在二硫醇依赖性还原酶的作用下,重新转变为K_2H形式,构成体内"维生素K-循环"。由此可见维生素K是维生素D发挥作用的中间环节或媒介,可通过测定骨钙素未羧化率来评价不同年龄组小儿成骨细胞维生素K_2的营养状况。维生素K_2可提高佝偻病患儿骨钙素羧化率,从而使羧化完全骨钙素发挥作用,促进骨骼矿化,对佝偻病有一定的治疗作用。

五、矿物质与水溶性维生素的相互作用

(一) 矿物质与维生素B_2的代谢

维生素B_2可增强机体对铁的反应,有效改善贫血。

1. 与免疫功能的关系 维生素B_2可提高中性粒细胞计数,

增强机体的抗感染力,缺乏维生素 B_2 时,免疫功能明显下降。体内的维生素 A、维生素 B_2 和铁在机体免疫功能中相互影响,存在联合作用。

2. **与抗氧化功能的关系** 体内铁的吸收、贮存和动员与抗氧化能力降低有关:①铁蛋白浓度明显下降时,全血谷胱甘肽还原酶活性系数明显升高,证实两者之间呈负相关。②血红蛋白浓度降低、红细胞膜磷脂增多,对氧化作用敏感导致脂质过氧化,使膜流动性下降。随贫血程度的加重,贫血孕妇体内脂质过氧化反应增强,因为缺铁性贫血时,氧自由基和 H_2O_2 产生增加,脂质过氧化反应增强,抗氧化酶被消耗,此外,丙二醛与膜蛋白发生交联也可导致膜流动性降低。③铁蛋白可螯合铁,并通过铁氧化酶使 Fe^{2+} 转换成 Fe^{3+} 以减轻氧化损伤,贫血时影响体内的抗氧化水平。④妊娠期对氧化应激的敏感性增高,易发生氧化 - 抗氧化系统之间的平衡紊乱,产生氧化损伤,导致妊高征、妊娠糖尿病等疾病的发生。

(二) 矿物质与维生素 B_{12} 的代谢

维生素 B_{12},又称钴维素或钴胺素(cobalamins 或 cobamide),是一种含钴的化合物。其最好的来源是肝脏,其次为肉类、蛋类、鱼类、贝类、心脏和肾脏等。维生素 B_{12} 在维持正常生长、营养、上皮组织细胞功能以及红细胞生成中起重要作用。在机体内,凡是有核蛋白合成的地方,都需要维生素 B_{12} 的参与。

维生素 B_{12} 的功能主要通过其辅酶形式实现,其中甲钴胺素和 5- 脱氧腺苷钴胺素是维生素 B_{12} 在体内的主要存在形式。甲钴胺素参与甲基转运,而 5- 脱氧腺苷钴胺素作为辅酶参与多种重要的代谢反应,因此也被称为辅酶 B_{12} ($CoOB_{12}$)。维生素 B_{12} 通过促进核酸和蛋白质的生物合成,维持造血机构的正常运转,具有较强的促进红细胞生成和成熟的作用。

与孕期贫血的关系:由于生理变化,孕妇血容量逐渐增加,但红细胞数量的增长速度相对较慢,导致血液稀释,引起贫血。随着孕周增加,贫血的发生率逐渐上升,主要与妊娠中后期胎儿生长发育加速、血容量迅速增加以及膳食中蛋白质和微量营养素供给不足、吸收障碍及丢失有关。由于孕期妇女对多种营养素的需求增加，普通饮食难以满足，因此易出现多种营养缺乏。免费向育龄期妇女发放叶酸，增强叶酸补充的意识，对改善孕期妇女营养、预防神经管畸形和贫血具有重要意义。然而，孕早期维生素 B_{12} 的缺乏也可能导致贫血的发生同样不容忽视。

（三）维生素 C 与矿物质的代谢

1. 维生素 C、A、B_{12} 与孕妇贫血 尽管贫血的常见原因是缺铁，但其他微量营养素缺乏，(如维生素 A、C、B_{12}、锌、叶酸等) 也可能导致贫血。铁缺乏常同时伴随其他营养素的缺乏。维生素 A 缺乏导致的贫血，可通过补充维生素 A 进行纠正。维生素 C 是促进铁吸收的主要因子之一，因此，烹煮蔬菜损失的维生素 C 如得不到补充，就易发生维生素 C 缺乏，影响铁吸收，引起贫血。

2. 钙与维生素 C 代谢 维生素 C 能减少骨吸收，其机制如下：①维生素 C 可促进成骨细胞生长，增加机体对钙的吸收。骨基质中含有超过 90% 的蛋白质，如胶原蛋白等，维生素 C 是胶原蛋白、羟脯氨酸、羟赖氨酸合成必不可少的辅助因子，有助于加强骨质量和预防骨折。②维生素 C 是一种强力抗氧化剂，能减少氧化应激反应，从而恢复骨密度。

（古桂雄）

参 考 文 献

1. KNEZ M, GRAHAM RD, WELCH RM, et al. New perspectives on the regulation of iron absorption via cellular zinc concentrations in humans. Crit Rev Food Sci Nutr, 2017, 57 (10): 2128-2143.
2. FISCHER WALKER C, KORDAS K, STOLTZFUS RJ, et al. Interactive effects of iron and zinc on biochemical and functional outcomes in supplementation trials. Am J Clin Nutr, 2005, 82 (1): 5-12.
3. BJØRKLUND G, AASETH J, SKALNY AV, et al. Interactions of iron with

manganese, zinc, chromium, and selenium as related to prophylaxis and treatment of iron deficiency. J Trace Elem Med Biol, 2017, 41: 41-53.
4. PLUM LM, RINK L, HAASE H. The essential toxin: inpact of zine on human health. Int J Environ Res Public Health, 2010, 7 (4): 1342-1365.
5. UROI-ADAMS JY, KEEN CL. Cooper, oxidative stress, and human health. Mol Aspects Med, 2005, 26 (5): 268-298.
6. LERTSUWAN K, WONGDEE K, TEERAPORNPUNTAKIT J, et al. Intestinal calcium transport and its regulation in thalassemia: interaction between calcium and iron metabolism. J Physiol Sci, 2018, 68 (3): 221-232.
7. YIN Y, LI Q, SUN B, et al. Pilot Study of the Association of Anemia with the Levels of Zinc, Copper, Iron, Calcium, and Magnesium of Children Aged 6 Months to 3 Years in Beijing, China. Biol Trace Elem Res, 2015, 168 (1): 15-20.
8. TALPUR S, AFRIDI HI, KAZI TG, et al. Interaction of Lead with Calcium, Iron, and Zinc in the Biological Samples of Malnourished Children. Biol Trace Elem Res, 2018, 183 (2): 209-217.
9. MENG Y, SUN J, YU J, et al. Dietary Intakes of Calcium, Iron, Magnesium, and Potassium Elements and the Risk of Colorectal Cancer: a Meta-Analysis. Biol Trace Elem Res, 2019, 189 (2): 325-335.
10. 吴彩霞, 刘朝明, 邓凤如, 等. 微量元素的功能及其相互作用. 江西饲料, 2008, 6: 13-17.
11. JAMIL KM, RAHMAN AS, BARDHAN PK, et al. Micronutrients and anaemia. Journal of Health Population And Nutrition, 2008, 26 (3): 340-355.
12. 田维, 王威. 几种微量元素对糖代谢的影响. 微量元素与健康研究, 2010, 27 (5): 52-55.
13. ZOFKOVA I, NEMCIKOVA P, MATUCHA P. Trace elements and bone health. Clin Chem Lab Med, 2013, 51 (8): 1555-1561.
14. SAID HM, ROSS A RIBOFLAVIN. Modern nutrition in health and disease. 11th ed. Baltimore: Lippincott Williams & Wilkins, 2014.
15. KAGANOV B, CAROLI M MAZUR A, et al. Suboptimal Micronutrient Intake among Children in Europe. Nutrients, 2015, 7 (5): 3524-3535.
16. 刘海兰, 张晶, 贺逸红, 等. 孕妇血清中维生素及微量元素水平与胎儿生长受限的关系. 中国妇幼保健, 2018, 33 (24): 130-133.
17. WITCHER TJ, JURDI S, KUMAR V, et al. Neonatal Resuscitation and Adaptation Score vs Apgar: newborn assessment and predictive ability. J Perinatol, 2018, 38 (11): 1476-1482.
18. 罗越, 宋嘉盈, 李利义, 等. 铁蛋白和铁调素在儿童代谢综合征中的检测意义. 中国卫生检验杂志, 2019, 29 (5): 568-570.
19. DIBAISE M, TARLETON SM. Hair, nails, and skin: differentiating cutaneous manifestations of micronutrient deficiency. Nutr Clin Pract, 2019, 34 (4): 490-503.
20. 刘芳, 叶静萍, 万爱英, 等. 矮小儿童血清维生素和微量元素水平及骨龄的相关分析. 公共卫生与预防医学, 2020, 31 (4): 141-144.
21. 刘兆敏, 蒲元林, 吴慧捷, 等. 不同孕期微量元素水平对胎儿生长受限的预测作用. 中国全科医学, 2020, 23 (32): 4059-4063.
22. SUSAN CC, CLARE Z, SHAILJA S, et al. Assessing the Evidence of Micronutrients on Depression among Children and Adolescents: An Evidence Gap Map. Advances in Nutrition, 2020, 11 (4): 908-927.
23. 张鹏. 北京地区儿童血液4种微量元素水平与生长发育的相关性研究. 国际检验医学杂志, 2020, 41 (14): 1748-1750.
24. CHASAPIS CT, NTOUPA PA, SPILIOPOULOU CA, et al. Recent aspects of the effects of zinc on human health. Arch Toxicol, 2020, 94 (5): 1443-1460.
25. 周弋丰, 郑曙, 张强, 等. 丽水地区6570例儿童全血中铁、锌、铜、镁、钙、铅检测结果分析. 中国卫生检验杂志, 2021, 31 (17): 2119-2122.
26. KEATS EC, CHARBONNEAU KD, DAS JK et al. Large-scale food fortification has great potential to improve child health and nutrition. Current Opinion In Clinical Nutrition And Metabolic Care, 2021, 24 (3): 271-275.
27. GUI H, HAMID A, HAMID J. Micronutrients for child health. Indian Journal of Experimental Biology, 2021, 59 (10): 662-670.
28. 黄凯坤, 刘瑞霞, 阴赪宏. 妊娠期铁缺乏及缺铁性贫血的研究进展. 国际妇产科学杂志, 2022, 49 (3): 335-339.
29. HUSSAINI AA, ALSHEHRY Z, ALDEHAIMI A, et al. Vitamin D and iron deficiencies among Saudi children and adolescents: A persistent problem in the 21st century. Saudi Journal of Gastroenterology, 2022, 28 (2): 157-164.

30. VRECH M, FERRUZZI A, PIETROBELLI A. Effects of micronutrient and phytochemical supplementation on cardiovascular health in obese and overweight children: a narrative review. Current Opinion In Clinical Nutrition and Metabolic Care, 2022, 25 (6): 430-435.